中等职业教育机械加工技术专业系列规划教材

钳工工艺与加工技术

主　编　林　立

副主编　胡云翔　刘享友

主　审　赵　勇

重庆大学出版社

内容提要

本书是中等职业教育机械加工技术专业系列规划教材之一。主要针对学生学习钳工加工技术的特点和要求,对钳工工艺与加工技术的基础理论和基本操作方法进行了系统介绍。全书共分为七个项目,内容包括绪论、钳工工作场地、设备、安全技术操作规程、钳工常用量具、孔及螺纹加工、平面加工、加工高精度平面、加工薄板件、综合实训。

本书强调理论知识与实际操作的有机结合,适合一体化教学。可以作为中等职业学校机械加工技术专业教材,也可以作为机械加工技术专业工程技术人员的参考书和自学教材。

图书在版编目(CIP)数据

钳工工艺与加工技术 / 林立主编. 一重庆:重庆
大学出版社,2013.3
中等职业教育机械加工技术专业系列规划教材
ISBN 978-7-5624-7245-2

Ⅰ.①钳… Ⅱ.①林… Ⅲ.①钳工—工艺学—中等专
业学校—教材 Ⅳ.①TG9

中国版本图书馆 CIP 数据核字(2013)第 032437 号

中等职业教育机械加工技术专业系列规划教材

钳工工艺与加工技术

主 编 林 立
副主编 胡云翔 刘享友
主 审 赵 勇
策划编辑:杨粮菊
责任编辑:谭 敏 曾春燕 版式设计:杨粮菊
责任校对:陈 力 责任印制:赵 晟

*

重庆大学出版社出版发行
出版人:邓晓益
社址:重庆市沙坪坝区大学城西路21号
邮编:401331
电话:(023)88617183 88617185(中小学)
传真:(023)88617186 88617166
网址:http://www.cqup.com.cn
邮箱:fxk@cqup.com.cn(营销中心)
全国新华书店经销
重庆双百印务有限公司印刷

*

开本:787×1092 1/16 印张:15.75 字数:393 千
2013 年 3 月第 1 版 2013 年 3 月第 1 次印刷
印数:1—3 000
ISBN 978-7-5624-7245-2 定价:29.00 元

前　言

随着科学技术的迅速发展,对技能型人才的要求越来越高。作为培养技能型人才的中等职业技术学校,原来传统的教学模式及教材已不能完全适应现在的教学要求。《钳工工艺与加工技术》是为适应职业教育发展的需要,采用理论实践一体化的形式编写的教材。本教材的编写注重实际应用,试图打破原有的学科知识体系,以制作实际零件为项目,按制作的流程来构建本课程的理论、技能培训体系;按实际操作的需求来讲解必要的理论知识。让学生从实践中学习理论知识,通过理论知识进一步指导学生提高操作技能水平。本教材适应于中等职业技术学校机械类或相近专业的学生作为教材使用,也可作为职业技术培训教材或相关人员的自学用书。

全书按照职业教育项目式教学理论,将理论讲解融入实际技能操作训练项目中,按照钳工常用量具、孔及螺纹加工、平面加工、高精度平面加工、薄板件加工、综合实训等项目,系统地讲解了钳工工作场地及设备和安全操作规范、钳工常用量具、划线、钻孔、扩孔、锪孔、铰孔、螺纹加工、錾削、锯削、锉削、刮削、研磨、下料、矫正、弯曲、铆接等钳工基本操作技能。

本教材的教学内容紧扣国家职业技能鉴定规范,在编写上注重理论知识与实践的结合,通俗易懂,图文并茂,直观明了。各项目按学习目标、任务描述、相关知识、工件加工工艺及评分标准、常见的废品形式及产生原因、自我总结与点评、思考练习题、技能训练题等形式统一编写,有利于提高学生的综合技能水平及分析、处理问题的能力。同时在教材中安排了"想一想""注意事项"等内容,以帮助学生更好地理解所学知识,逐步掌握钳工的基本操作技能及相关的工艺知识。

本教材由重庆机械电子技师学院林立任主编,重庆龙门浩职教中心胡云翔、重庆荣昌职教中心刘享友任副主编。项目一由重庆大足职教中心郭跃华编写;项目二、项目四由重庆龙门浩职教中心胡云翔编写;绪论、项目三由重庆机械电子技师学院林立、艾钊编写;项目五、项目六由重庆荣昌职教中心刘享友编写;项目七由重庆酉阳职教中心杨凡林编写,由重庆轻工业学校赵勇审稿。

由于本书涉及内容较多,新技术、新装备发展迅速,加之编者水平有限,书中不足之处在所难免,恳请广大读者对本书提出宝贵意见和建议,以便修订时补充更正。

编　者
2012 年 12 月

目 录

绪　论

（1）钳工加工在机械制造加工中的地位和作用

在我国社会主义现代化的建设中，使用着大量各式各样的机器设备。无论是何种机器设备，他们都是由各种不同的零部件组合而成。机械制造业中生产的各种产品、设备的质量好坏，性能的优劣，在很大程度上取决于最后组装、调整工序的质量是否符合要求。各种机器设备的维修、保养、工具、量具、夹具的制造和维修，一些较复杂的零件在加工前确定加工界限，零部件变形量的调整，一些复杂、精密零件的基准和最后达到精度要求等，这些工作实际上都是由钳工来完成的。

那么，什么叫做钳工呢？概括起来说，钳工就是：凡是主要用各种钳工工具（有时也用钻床、压力机等）对金属进行冷加工，以及完成零部件的制造、装配修理、安装、调试等工作都叫钳工工作，完成钳工工作的人，统称为钳工。

钳工工作的特点是：手工操作多，灵活性强，工作范围广，技术要求高，且操作者本身技能水平直接影响加工质量。

钳工是机械制造中最古老的金属加工技术。19世纪以后，各种机床的发展和普及，逐步地使大部分钳工作业实现了机械化和自动化。但在机械制造过程中，钳工仍是广泛应用的基本技术。其原因是：①划线、刮削、研磨和机械装配等钳工作业，至今尚无适当的机械化设备可以全部替代。②某些精度要求很高、形状复杂的样板、模具、量具和配合表面（如导轨面和轴瓦等），仍需要依靠工人的手工操作对其进行精密加工。③在单件小批生产，修理或缺乏设备条件下，采用钳工制造某些零件仍是一种实用和经济的方法。

现代科学技术的发展，特别是计算机技术、电子技术、信息技术在机械制造业中的应用，形成了先进制造技术的理念。这给钳工工作的内容和工作方式带来了重要的变化。首先，一些传统的操作技术（如錾削、锯割等）在钳工工作中逐渐减少，而由机械化加工取代；其次，在一般产品生产中，由钳工完成的工作量也在减少，即使在小批量生产中，由于以数控技术为基础的自动化加工的出现，也大大减少了钳工的工作量。因此，钳工工作对象主要在专用工具、工装、专用设备等的制造方面，且集中于精密零件的制作，特大、特小、特殊零件的制作，复杂、精密部件或整机的组装、调试及特殊场所的作业。因此，要想成为一名名副其实的钳工，对其基本操作技能和专门工艺学知识的要求就更高了。

想一想

在科学技术飞速发展的今天,以手工操作为主的钳工操作会被现代化的机器设备加工方法替代吗?

(2)钳工的分类

钳工工作的质量和效率,取决于操作者的技艺和熟练程度。钳工按专业性质可分为普通钳工、划线钳工、模具钳工、刮研钳工、装配钳工、机修钳工等。然而优秀的钳工还能承担其他机械制造工种没有包含的工作,能组织协调有关工种共同完成一项工作。

(3)钳工工作的主要内容

①划线操作:根据图纸在毛坯或半成品工件上划出加工界限的操作。

②切削加工操作:包括錾削、锯削、锉削、螺纹加工、钻孔、扩孔、锪孔、铰孔、刮削、研磨、矫正、弯曲等多种操作。

③装配操作:将零件或部件按图纸技术要求组装成机器设备的工艺过程。

④维修操作:对现役机械设备进行维修、检查、修理等。

(4)钳工工作过程

1)工艺(工作)准备

①读图或绘图。

②识读加工工艺或制定加工工艺。

③毛坯材料、工具、量具、刃具的准备。

2)工件定位与装夹

3)工件加工

4)工件测量与检验

5)设备、工量具保养

(5)钳工工艺与加工技术课的特点及学习要求

钳工工艺与加工技术课的特点是:

①实践性强:以技能练习为主线,理论知识指导实际操作,在实际操作过程中不断加深对理论知识的理解,最终掌握各项操作技能。

②知识涉及面广:它涉及机械行业中通用的基础学科,如"机械制图""公差与配合""金属材料与热处理""机械基础""金属切削原理""金属切削机床""机械制造工艺学"等。然而,由于职业技术教育的特点和实际情况,专业课往往提前开课,因此,很多基础课没跟上,这给学习钳工工艺与加工技术课带来了一定的困难。

由于钳工工艺与加工技术课的实践性强,知识涉及面广,因此我们应当明确以下学习要求:

①坚持理论联系实际,注意理论知识与实际操作的结合,在实际操作中进一步理解和巩

固所学的理论知识。

②加强基础知识和基本技能训练,对反映钳工工作规律且具有广泛适应性的基础知识要学懂,学活,并达到灵活应用。

③在学习中不断培养分析和解决问题的能力,将所学知识运用到解决实际问题中去。

④在学习中注意与其他课程的密切联系,将学习本课程所涉及的其他学科知识进行预习或复习,达到温故而知新的效果。

⑤在实际操作中,应认真观察,模仿老师的示范操作,并进行反复练习,达到熟练掌握各项操作技能的目的。

 ●思考练习题

1. 什么是钳工? 钳工工作的特点有哪些?

2. 钳工的主要工作有哪些?

3. 你准备怎样学好"钳工工艺与加工技术"这门课程?

项目一

钳工工作场地、设备、安全技术操作规程

●项目目标

熟悉钳工工作场地、设备,牢记钳工安全操作规程。

●项目任务概述

本项目为钳工工作场地和设备的合理安排以及安全技术操作规程。

1.1 钳工工作场地与设备

1.1.1 钳台

钳台也称钳工台或钳桌,主要用来安装台虎钳。钳台常用硬质木板或钢材制成,要求坚实、平稳;台面上安装台虎钳,有的还要安装防护网;台面高度为 800~900 mm,在安装台虎钳时,使钳口的高度与一般操作者的手肘平齐,从而操作方便,如图 1.1 所示。

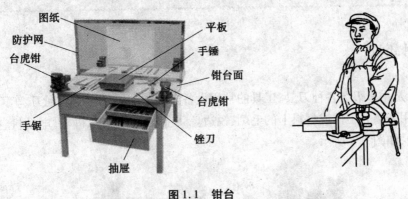

图 1.1 钳台

1.1.2 台虎钳

台虎钳,又称虎钳,是用来夹持工件的通用夹具。装置在工作台上,用以夹稳加工工件,为钳工车间必备工具。台虎钳以钳口的宽度为标定规格。常见规格为 75~300 mm。常用规格有 100 mm,125 mm,150 mm 等。常用的台虎钳有固定式和回转式两种,如图 1.2 所示。

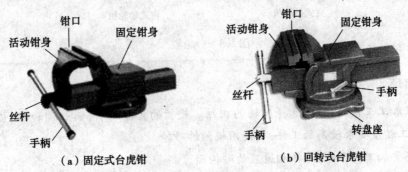

（a）固定式台虎钳　　　　（b）回转式台虎钳

图 1.2 台虎钳

⚠ **注意事项**

1. 夹紧工件时要松紧适当,只能用手扳紧手柄,不得借助其他工具加力。

2. 强力作业时,应尽量使力朝向固定钳身。

3. 不许在活动钳身和光滑平面上敲击作业。

4. 台虎钳上不能放置笨重工具,以防滑落伤人。

5. 对丝杠、螺母等活动表面应经常清洗、润滑,以防生锈。

 想一想

1. 为什么强力作业时作用力不要朝向台虎钳的活动钳身?

2. 台虎钳应进行哪些日常维护保养?

1.1.3 砂轮机

砂轮机是用来刃磨各种刀具、工具的常用设备。如磨削錾子、钻头、刮刀、车刀、样冲、划针等;也可用来磨去工件或材料上的毛刺、锐边。其主要是由基座、砂轮、电动机、托架、防护罩等所组成,如图 1.3 所示。

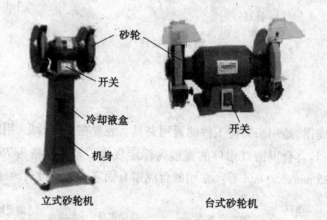

立式砂轮机　　　　　　　　台式砂轮机

图1.3　砂轮机

⚠ **注意事项**

1. 根据加工工件的材质,选择砂轮的粗细。较软的金属材料,例如铜和铝,应使用较粗的砂轮,加工精度要求较高的工件,要使用较细的砂轮。

2. 根据要加工的形状,选择相适应的砂轮面。

3. 砂轮不得有裂痕、缺损等问题,安装一定要稳固。一旦发现砂轮有裂痕、缺损等,立刻停止使用并更换新品。

4. 磨削时, 操作人员应戴防护眼镜和手套, 以防止飞溅的金属屑和沙粒对人体的伤害。

5. 施加在被磨削工件上的压力应适当, 不应两人同时使用一片砂轮, 禁止站在砂轮正前方操作, 禁止在砂轮上磨太薄、太小或笨重的工件。

6. 对于宽度小于砂轮磨削面的工件, 在磨削过程中, 不要始终在砂轮的一个部位进行磨削, 应在砂轮磨削面上以一定的周期进行左右平移, 使砂轮磨削面保持相对平整。

7. 为了防止被磨削的工件加工面过热退火, 可随时将磨削部位放入水中进行冷却(高速钢除外)。

8. 定期测量电动机的绝缘电阻, 并使用带漏电保护装置的断路器。

1. 站在砂轮机正前方操作可能出现什么问题?

2. 为什么高速钢在刃磨时不能进行冷却?

3. 砂轮机托架与砂轮的距离应在什么范围才能保证安全使用?

1.1.4 钻床

钻床是用钻头在工件上加工孔的机床。常用的有台式钻床、立式钻床、摇臂钻床。

(1) 台式钻床

台式钻床简称台钻, 是一种体积小巧, 操作简便, 通常安装在专用工作台上使用的小孔加工机床。其结构如图 1.4 所示。台式钻床钻孔直径一般在 13 mm 以下, 最大不超过 16 mm。其主轴变速一般通过改变三角带在塔形带轮上的位置来实现, 主轴进给靠手动操作。工作台可在圆立柱上下移动。并可绕立柱转动到任意位置。当松开工作台座锁紧手柄的锁紧螺钉时, 工作台在垂直平面还可左右倾斜 45°, 工件较小时, 可放在工作台上钻孔, 当工件较大时, 可把工作台转开, 直接放在钻床底面上钻孔。这种台钻灵活性较大, 转速高, 生产效率高, 使用方便, 因而是零件加工, 装配和修理工作中常用的设备之一。但是由于构造简单, 变速部分直接用带轮变速, 转速较高, 一般在 400 r/min 以上, 所以对于需用低速加工的有些特殊材料或工艺, 该设备不适用。

(2) 立式钻床

立式钻床是指主轴箱和工件台安置在立柱上, 主轴竖直布置的钻床。其结构如图 1.5 所示。立式钻床作为钻床的一种, 也是比较常见的金属切削机床, 有着应用广泛, 精度高的特点。适合于批量加工。常用于机械制造和修配工厂加工中、小型工件的孔。其规格有 $\phi 25$ mm, $\phi 35$ mm, $\phi 40$ mm, $\phi 50$ mm 等几种。

(3) 摇臂钻床

摇臂钻床简称摇臂钻。它适用于加工大型工件和多孔工件。主轴变速箱能移动, 摇臂可回转 360°, 其结构如图 1.6 所示。

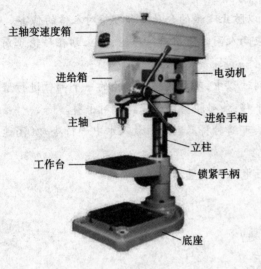

图1.4　台式钻床

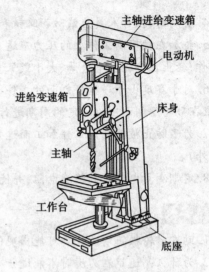

图1.5　立式钻床

（4）手电钻

手电钻主要用于不便使用钻床钻孔的场合。其特点是携带方便，使用灵活，操作简单。常用的手电钻如图1.7所示。

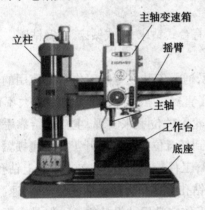

图1.6　摇臂钻床

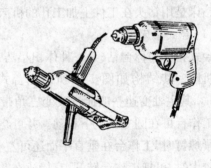

图1.7　手电钻

⚠ **注意事项**

1. 严禁戴手套操作，必须戴好工作帽。

2. 钻床工作台上，禁止堆放物件。

3. 钻削时，必须用夹具夹持工件，禁止用手拿。薄工件应在其下部垫上垫块。

4. 钻出的金属屑禁止用手或棉纱之类物件清扫。

5. 应对钻床定期添加润滑油。

6. 使用钻夹头装卸麻花钻时，需用钻钥匙，不许用手锤等工具敲打。

7. 变换转速、装夹工件、装卸钻夹头时，必须停车。

8.发现工件不稳、钻头松动、进刀有阻力时,必须停车检查,消除隐患后,方可启动。

9.操作者离开钻床时,必须停车;使用完毕后,及时切断电源。

1.为什么钻孔时严禁戴手套操作?

2.钻孔时用嘴吹或手清理切屑的行为正确吗?

3.怎样将台式钻床主轴转速从低调高?

1.2 钳工安全技术操作规程

1.2.1 钳工安全操作规程

①工作前先检查工作场地及工具是否安全,若有不安全之处及损坏现象,应及时清理和修理,并安放妥当。

②使用虎钳时,应根据工件精度要求,加放垫铁;不允许在钳口上猛力敲打工件;板紧虎钳时,应用力适当,不能加加力杆;虎钳使用完毕,须将虎钳打扫干净,并将钳口松开。

③使用錾子,应将尾部毛刺磨掉。錾切时严禁錾口对人,并注意铁屑飞溅方向,以免伤人。使用榔头时,首先要检查手柄是否松脱,并擦净油污。握榔头的手不准戴手套。

④使用手锯时,必须按规定装拆锯条,不能将锯条直接敲断;锯削时,工件必须夹紧,不得松动,以防锯条折断伤人;工件将要锯断时,要轻轻用力,以防压断锯条或工件落下伤人。

⑤使用的锉刀必须带锉刀柄,锉刀不得沾油,存放时不得互相叠放。锉刀、刮刀不能当锤子、撬棒或样冲使用,以防折断伤人。

⑥扳手规格要与螺母规格一致,使用时要注意扳手滑脱伤人。扳手不允许当榔头使用。

⑦使用电钻前,应检查是否漏电,并将工件放稳,人要站稳,手要握紧电钻。两手用力要均衡并掌握好方向,保持钻杆与被钻工件面垂直。

⑧检修设备时,首先必须切断电源。拆卸修理过程中,拆下的零件应按拆卸程序有条理地摆放,并做好标记,以免安装时弄错。拆修完毕,要认真清点工具、零件是否丢失,严防工具、零件掉入转动的机器内部。

⑨设备在安装和检修过程中,应认真作好安装和检修的技术数据记录,如设备有缺陷或进行了技术改进,应全面做好处理缺陷或改进的施工详细记录。

⑩工作完毕后,收放好工具、量具、擦洗设备、清理工作台及工作场所,精密量具应仔细擦净后存放在盒子里。

想一想

1. 戴着手套握榔头进行操作对吗,有什么危害?

2. 在台虎钳上用扳手进行敲击正确吗?

3. 用有油的手摸锉刀面或工件正在加工面有什么危害?

1.2.2　钳工生产实训场地注意事项

①严格遵守设备安全操作规程和安全规章制度。

②进入实训场地,应服从老师指导;实训过程中要互相关心、互相照顾;发现违反安全技术操作规程应及时报告老师。

③实训前必须按照规定穿戴好工作服、工作鞋和工作帽及其他必要的劳保用品,不准穿拖鞋、赤脚、赤膊、敞衣服进入实训场地。

④实训时要精神集中,未经老师同意,不得擅离实训岗位;不准在实训场地打闹、大声喧哗或做与实训无关的事。

⑤在使用设备前应进行检查,发现故障及时报告;不准擅自动用不熟悉的工具、设备。

⑥清除铁屑需用毛刷,不允许用手清除,更不允许用嘴吹。

⑦使用钻床时严禁戴手套,开合闸刀时,应小心触电,使用完毕后应及时切断电源。

⑧若发生人身、设备事故,应立即报告,及时处理,不得隐瞒,以防事故扩大。

●思考练习题

1. 钳工工作场地的常用设备有哪些?

2. 正确使用台虎钳应该注意些什么?

3. 如何正确使用砂轮机?

4. 使用钻床应注意哪些问题?

5. 钳工安全操作规程有哪些?

6. 钳工生产实习时应注意些什么?

●技能训练题

在老师的指导下完成如下操作:

1. 对台虎钳进行拆装和日常维护保养训练。

2. 对砂轮机进行操作和日常维护保养训练。

3. 熟悉台式钻床的结构和各手柄的作用,学会台式钻床主轴逐级变速的方法。

项目二

钳 工 常 用 量 具

●项目目标

　　掌握测量的概念和基本要求。正确识读游标卡尺、千分尺、百分表、万能角度尺。正确掌握游标卡尺、千分尺、百分表、万能角度尺、钢直尺、刀口尺、塞尺、直角尺、量块、水平仪、量规等常用钳工量具的使用方法。

●项目任务概述

　　本项目为钳工常用量具的刻线原理、使用方法及注意事项的学习和训练。

2.1 测量的基础知识

2.1.1 测量概念及基本要求

（1）测量的概念

将一个被测的量和一个作为测量单位的标准量进行比较,求出比值,并确定被测的量是测量单位的若干倍或几分之几的实验过程。如用三角板测量课本的厚度是多少毫米,就是测量。

测量的基本要求有 4 个方面:保证测量精度、效率要高、成本要低、避免废品产生。

（2）量具的定义及分类

1）量具的定义

量具是用来测量零件尺寸、零件形状、零件安装位置的工具。量具是保证零件加工精度和产品质量的重要因素。

2）量具的分类

根据量具的用途和特点来分,量具可分为三种类型。

①标准量具。如图 2.1(a)所示量块。这类量具制成某一固定尺寸,其主要用途有:校对和调整其他量具,如用量块校对游标卡尺、千分尺等;作为标准与被测量进行比较,进行尺寸的测量(多数情况要与其他量具配合使用)。

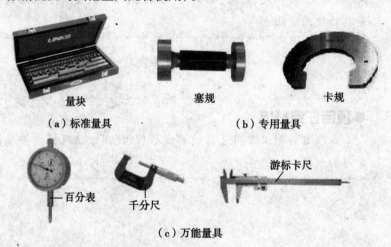

量块
塞规
卡规

（a）标准量具   （b）专用量具

百分表
千分尺
游标卡尺

（c）万能量具

图 2.1　量具类型

②专用量具。如塞规、卡规等,如图 2.1(b)所示,就是专用量具的一种形式。这类量具用于大批量产品的检测,它只能判断零件的合格与否,不能测出具体的数据。

③万能量具。如游标卡尺、千分尺、百分表等(游标卡尺、千分尺、百分表,在工厂常称三

大件)。如图2.1(c)所示。这类量具可直接测出零件尺寸及形状的具体数值,在金属切削加工现场常使用这些量具进行测量。

想一想

同学们常用的钢直尺、三角板是什么类型的量具?

2.1.2　长度测量常用单位

测量就必须有单位,在我国的法定计量单位中,长度的单位是米,机械制造中常用的计量单位是毫米。目前,我国常用的长度单位名称和代号见表2.1。

表2.1　长度计量单位

单位名称	米	分米	厘米	毫米	忽米	微米
符号	m	dm	cm	mm	cmm	μm

注:①1 m = 10 dm = 100 cm = 1 000 mm。

②1 mm = 100 cmm = 1 000 μm。

③忽米不是法定计量单位,在工厂常称为丝。

⚠ **注意事项**

在生产实践中,还会遇到英制尺寸。在机械制造中,英制尺寸以英寸(in)为主要计量单位,1 in = 25.4 mm。

2.2　游标卡尺

2.2.1　游标卡尺的结构及类型

(1)游标卡尺的结构

游标卡尺的外形结构种类较多,如图2.2所示是常用的带有深度尺的游标卡尺示意图。

(2)游标卡尺的类型

根据游标卡尺的分度值,游标卡尺有三种:

游标为 10 个刻度,其分度值是 0.1 mm 的游标卡尺;

游标为 20 个刻度,其分度值是 0.05 mm 的游标卡尺;

游标为 50 个刻度,其分度值是 0.02 mm 的游标卡尺。

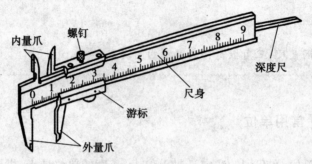

图 2.2　游标卡尺的结构

2.2.2　游标卡尺的刻线原理及读数方法

(1)游标卡尺的刻线原理

以刻度值 0.02 mm 的游标卡尺为例。主尺上的刻度以 mm 为单位,每 10 格分别标以 1,2,3,…,以表示 10,20,30,… mm。这种游标卡尺的副尺刻度是把主尺刻度 49 mm 的长度,分为 50 等份,即每格为 0.98 mm;主尺和副尺的刻度每格相差:1-0.98 =0.02 mm,即测量精度为 0.02 mm。如果用这种游标卡尺测量工件,测量前,主尺与副尺的 0 线是对齐的,测量时,副尺相对主尺向右移动,若副尺的第 1 格正好与主尺的第 1 格对齐,则工件的厚度为 0.02 mm。同理,测量 0.06 mm 厚度的工件时,应该是副尺的第 3 格正好与主尺的第 3 格对齐。

(2)游标卡尺的读数方法

游标卡尺的读数方法如图 2.3 所示。其读数步骤是:

①整数部分:游标零刻线左边主尺上的读数。

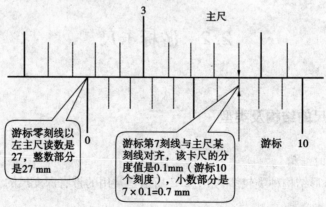

图 2.3　游标卡尺的读数方法

②小数部分:游标尺上第几条刻度线与主尺上的某刻度线对齐,这"第几条刻度线"的"几"换成数字乘以游标卡尺的分度值。

③结果:结果 = 整数部分 + 小数部分。

④例题:分度值为 0.1 mm 的游标卡尺,测量某一工件,其读数形式如图 2.3 所示。则其结果 = 27 + 0.7 = 27.7 mm。

(3)游标尺与主尺没有刚好对齐的刻线的读数方法

如果游标尺与主尺没有刚好对齐的刻线,则选游标尺与主尺上某刻线最接近的那条刻线(指游标尺的刻线)是多少,小数部分仍是"多少"的数值乘以游标卡尺的分度值。如图2.4 所示。在图 2.4(a)中,游标零刻线的左边,主尺的读数 52 mm,游标第 6 刻线与主尺某刻线最接近,小数部分是 6 × 0.1 = 0.6 mm,则其读数是 52 + 0.6 = 52.6 mm。在图 2.4(b)中,游标为 20 个刻度,则其分度值是 0.05 mm。游标零刻线的左边,主尺的读数 15 mm,游标第 7 刻线与主尺某刻线最接近,小数部分是 7 × 0.05 = 0.35 mm,则其读数是 15 + 0.35 = 15.35 mm。

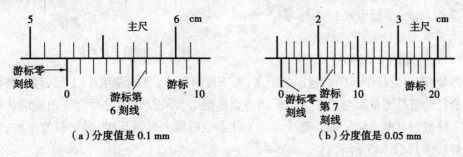

(a)分度值是 0.1 mm　　　　　(b)分度值是 0.05 mm

图 2.4　游标卡尺的游标与主尺没有刚好对齐刻线的读数方法

(4)游标卡尺的读数示例

分度值为 0.02 mm 的游标卡尺读数示例如图 2.5 所示(有黑色三角形符号处的游标刻线为对齐的刻线)。

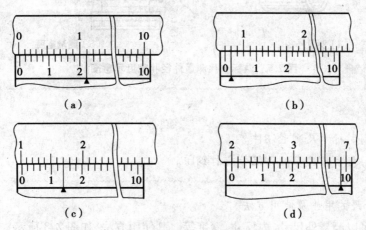

(a)　　　　　　　　　　(b)

(c)　　　　　　　　　　(d)

图 2.5　分度值为 0.02 mm 的游标卡尺读数

①图 2.5(a)的读数是 0.22 mm(0 +0.02 ×11 =0.22);

②图 2.5(b)的读数是 7.02 mm(7 +0.02 ×1 =7.02);

③图 2.5(c)的读数是 10.14 mm(10 +0.02 ×7 =10.14);

④图 2.5(d)的读数是 19.98 mm(19 +0.02 ×49 =19.98)。

2.2.3 游标卡尺的测量方法

(1)游标卡尺的测量步骤

①清洁:擦净工件的测量面和游标卡尺两测量面,不要划伤游标卡尺的测量面。

②选用合适的游标卡尺:根据被测尺寸的大小,选用合适规格的游标卡尺。

③对零:测量工件前,将游标卡尺的两测量面合拢,游标卡尺的游标零刻线与主尺零刻线应对正,否则,应送有关部门修理,如图 2.6 所示。

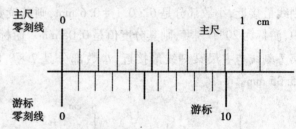

图 2.6 游标卡尺对零

④测量:调整游标卡尺两测量面的距离,大于被测尺寸。右手握游标卡尺,移动游标尺,当游标卡尺的量爪测量面与工件被测量面将要接触时,慢慢移动游标尺,或用微调装置,直至接触工件被测量面。切忌量爪测量面与工件发生碰撞。多测几次,取它们的平均数作为测量的最后值,如图 2.7 所示。

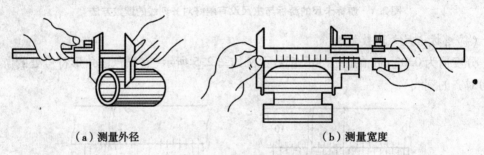

（a）测量外径　　　　　　　　　　　　（b）测量宽度

图 2.7 游标卡尺测量外径和宽度示意图

⚠ **注意事项**

1. 不能使用游标卡尺测毛坯件。

2. 不能在游标卡尺尺身处作记号或打钢印。

(2)游标卡尺的用途及使用方法

游标卡尺可以测量外尺寸、内尺寸、深度等。其使用方法,如图 2.8 所示。

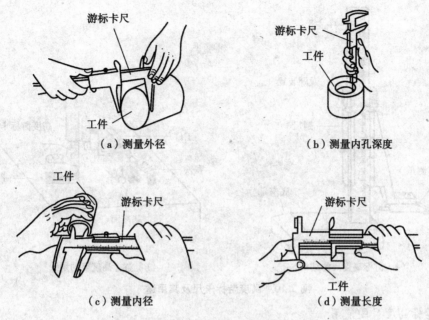

（a）测量外径　　　　　　　　　（b）测量内孔深度

（c）测量内径　　　　　　　　　（d）测量长度

图 2.8　游标卡尺的用途

 想一想

1.你知道自己的头发丝有多粗吗？你还可以测量想知道的其他生活用品。

2.可以用游标卡尺直接在工件上划线吗？为什么？

2.2.4　数显游标卡尺

电子数显游标卡尺是以数字显示测量示值的长度测量工具。数显游标卡尺的分辨率为 0.01 mm。其读数直观清晰、测量效率高,如图 2.9 所示。

图 2.9　数显游标卡尺

2.2.5　游标高度尺(高度规)

(1)游标高度尺的结构

游标高度尺的结构,如图 2.10(a)所示。

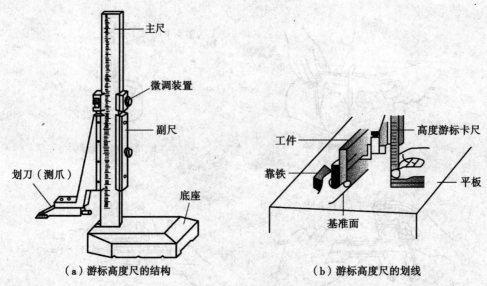

（a）游标高度尺的结构　　　　　　（b）游标高度尺的划线

图2.10　高度游标卡尺及其用途

（2）游标高度尺的使用

游标高度尺主要用于测量工件的高度和划线用,但一般限于半成品的测量,其读数原理与游标卡尺相同。其划线功能如图2.10(b)所示。

①调高度:划线前,根据工件的划线高度调好游标高度尺刻度、锁紧。

②划线:用高度游标卡尺划直线。注意:在划线时,应使划刀垂直于工件表面,一次划出。

2.2.6　游标深度尺

游标深度尺的构造如图2.11所示,它主要用来测量工件的沟槽、台阶、孔的深度尺寸等。其读数方法、注意事项与游标卡尺相同。

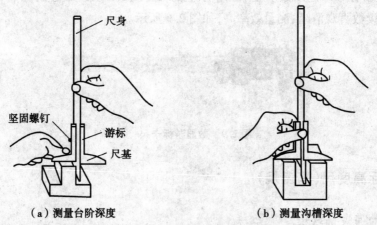

（a）测量台阶深度　　　　　　　（b）测量沟槽深度

图2.11　游标深度尺的构造及测量

2.3 千分尺

千分尺是利用螺旋原理制成的精确度很高的量具,精确度达0.01 mm,也叫分厘卡。其测量精度比游标卡尺高,而且比较灵敏。根据其用途不同,千分尺可分为:外径千分尺、内径千分尺、壁厚千分尺、杠杆千分尺、公法线千分尺、深度千分尺、螺纹千分尺等;按测量范围来划分有:0～25 mm,25～50 mm,50～75 mm,75～100 mm,100～125 mm 等。

2.3.1 外径千分尺(简称千分尺)

千分尺的构造,如图2.12(a)所示。

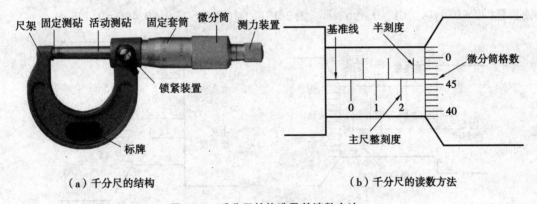

(a)千分尺的结构   (b)千分尺的读数方法

图2.12 千分尺的构造及其读数方法

2.3.2 千分尺的识读

(1)千分尺的读数方法

如图2.12(b)所示,主尺基准线以上为半刻度线,以下为主尺整刻度线,每格是1 mm;右边为微分筒刻度线,每格是0.01 mm。测量读数 = 主尺读数 + 微分筒读数。主尺读数 = 主尺整刻度 + 半刻度。微分筒读数 = 微分筒对准基准线的格数(+ 估读位)乘以0.01。

①主尺整刻度。微分筒左边,最靠近微分筒的格数。

②半刻度。在主尺最靠近微分筒的整刻线与微分筒之间,如果出现半刻度,就加0.5 mm;如果不出现半刻度,则不加0.5 mm。

③微分筒读数。微分筒对准主尺基准线的格数乘以0.01(微分筒的格数由下向上数)。如果不是刚好对准,就要估读。

在图2.12(b)中,微分筒左边,最靠近微分筒主尺的格数是2,即主尺整刻度是2 mm;在主尺最靠近微分筒的整刻线 2 与微分筒之间,出现了半刻度,就加 0.5 mm;微分筒对准主尺基准线的格数是 46,乘以 0.01,就为 0.46,即微分筒读数是 0.46 mm。图 2.12(b)中的读数是 2 + 0.5 + 0.46 = 2.96 mm。

(2)千分尺的读数示例

①在如图 2.13(a)中,主尺整刻度是 2 mm,主尺最靠近微分筒的整刻线 2 与微分筒之间,没有半刻度,就不加 0.5 mm,主尺基准线在微分筒 34 格与 35 格之间,估读为 0.6(1 格的 10 等分),微分筒读数是(34 + 0.6)×0.01 = 0.346 mm。图 2.13(a)中的读数是 2 + 0.346 = 2.346 mm。

②如图 2.13(b)中,主尺整刻度是 0 mm,主尺最靠近微分筒的整刻线 0 与微分筒之间,有半刻度,就要加 0.5 mm,微分筒对准主尺基准线的格数是 1,微分筒读数是 1 × 0.01 = 0.01 mm。图 2.13(b)中的读数是 0 + 0.5 + 0.01 = 0.51 mm。

③如图 2.13(c)中,主尺整刻度是 0 mm,主尺最靠近微分筒的整刻线 0 与微分筒之间,无半刻度,不加 0.5 mm,主尺基准线在微分筒 49 格与 0 格(50 格)之间,估读为 0.6,微分筒读数是(49 + 0.6)×0.01 = 0.496 mm。图 2.13(c)中的读数是 0 + 0.496 = 0.496 mm。

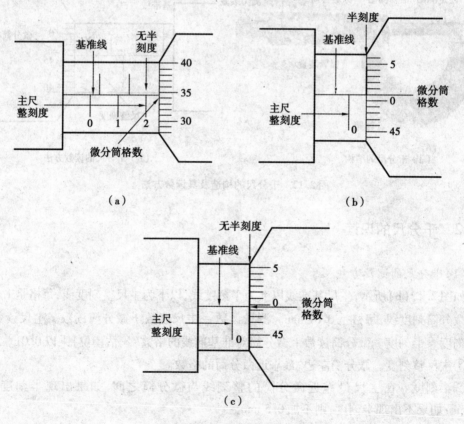

图 2.13　千分尺读数示例

2.3.3　千分尺测量步骤及测量方法

（1）千分尺的测量步骤

①清洁。擦净工件的测量面和千分尺两测量面。不要划伤千分尺测量面。

②选择合适的千分尺。根据被测尺寸的大小，选用合适规格的千分尺。

③夹牢或放稳被测工件。

④对零。如是 0～25 mm 的千分尺，左手握千分尺的标牌处，右手旋转微分筒，缓缓转动微分筒，千分尺两测量面将要接触时，转动棘轮，到棘轮发出声音为止，此时主尺上的基准线与微分筒的零刻线应对正。否则，应先调零或送有关部门修理。如图 2.14 所示：图（a）对零，图（b）与图（c）都未对零。其他规格的千分尺，用校对棒（或量块）对零，方法与 0～25 mm 的千分尺相同。

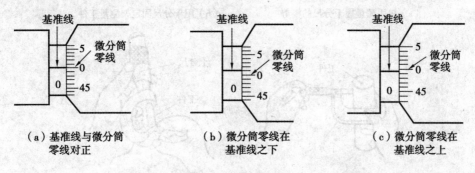

（a）基准线与微分筒　　　（b）微分筒零线在　　　（c）微分筒零线在
　　零线对正　　　　　　　　　基准线之下　　　　　　　基准线之上

图 2.14　千分尺对零

⑤测量。调整千分尺两测量面的距离，大于被测尺寸。左手握千分尺的标牌处，右手旋转微分筒，转动微分筒，千分尺两测量面将要接触工件时，转动棘轮，到棘轮发出声音为止，读出千分尺的读数。多测几次，取它们的平均数作为测量的最后值。

想一想

当基准线与微分筒零线没对正时，可以如何校正？

（2）千分尺常用用途及使用方法

千分尺用来测量外尺寸，其常用的使用方法，如图 2.15 所示。

想一想

千分尺的测量精度比游标卡尺高，是不是就可以不用游标卡尺了？ 如果不行，想一想，为什么？

⚠ **注意事项**

　1.不允许测运动的工件和粗糙的工件。

　2.测量时最好不取下千分尺,而直接读数,如果非要取下读数,应先锁紧,并顺着工件滑出。

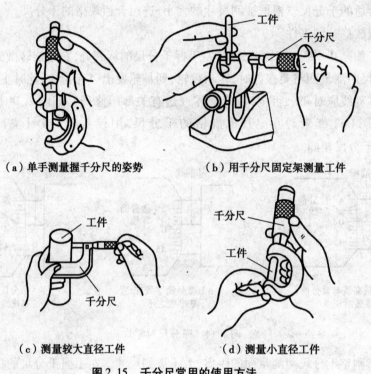

　　（a）单手测量握千分尺的姿势　　　　　　　（b）用千分尺固定架测量工件

　　　（c）测量较大直径工件　　　　　　　　　（d）测量小直径工件

图 2.15　千分尺常用的使用方法

2.4　百分表

2.4.1　百分表的构造、类型及安装

（1）百分表的构造

百分表的构造,如图 2.16 所示。百分表是利用机械结构将被测工件的尺寸放大后,通过读数装置表示出来的一种量具。百分表具有体积小、结构简单、使用方便、价格便宜等优点。

百分表主要用来测量零件的形状公差和位置公差,也可采用比较测量的方法,测量零件的几何尺寸。

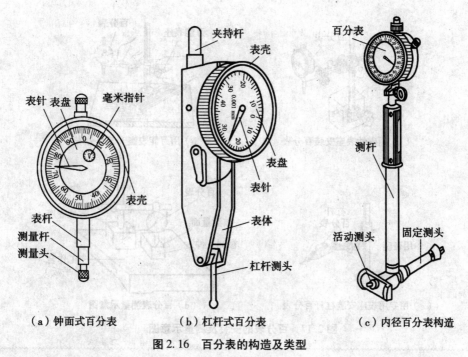

（a）钟面式百分表　　　　（b）杠杆式百分表　　　　（c）内径百分表构造

图 2.16　百分表的构造及类型

（2）百分表的类型

常用的百分表类型有：钟面式百分表、杠杆式百分表、内径百分表（把钟面式百分表安装在专用的表架上，就形成了内径百分表）等。

（3）百分表的安装

百分表要安装在表座上才能使用，百分表表座如图 2.17（a）、（b）、（c）所示。钟面式百分表一般安装在万能表座或磁性表座上；杠杆式百分表一般安装在专用表座上。

2.4.2　百分表的识读及测量方法

（1）百分表的读数

百分表短指针每走一格是 1 mm，百分表长指针每走一格是 0.01 mm。读数时，先读短指针与其起始位置"0"之间的整数，再读长指针与其起始位置"0"之间的格数，格数乘以 0.01 mm，就得长指针的读数，短指针读数与长指针的读数相加，就得百分表的读数。

（2）百分表的测量方法

图 2.17（d）是利用百分表测量工件上表面直线度的示意图。以此为例简要介绍百分表的测量方法。

①清洁。清洁工作台、工件的上表面及下表面、磁性表座等。

②检查百分表是否完好。

③安装百分表。按 2.17（d）所示，装好百分表。

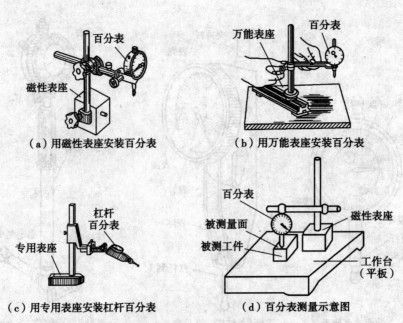

（a）用磁性表座安装百分表　　　（b）用万能表座安装百分表

（c）用专用表座安装杠杆百分表　　（d）百分表测量示意图

图 2.17　百分表的安装及测量示意图

⚠ **注意事项**

　　打开磁性表座开关,使磁性表座固定在平板上,以免表座倾斜,损坏百分表测量杆,百分表要夹牢在磁性表座上。

　　④预压。测量头与被测量面接触时,测量杆应预压缩 1～2 mm。

　　⑤调零位。百分表零位的调整方法,如图 2.18 所示(不一定非要对准零位,根据实际情况,指针对准某一整刻度线就行)。调好后,提压测量杆几次。

　　⑥测量。拖动工件,读出百分表读数的变化范围,即百分表的最大读数减去百分表的最小读数,就是测得值。

　　⑦取下百分表,擦拭干净,放回盒内,使测量杆处于自由状态。

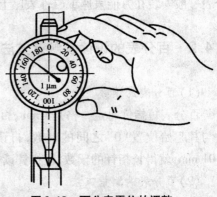

图 2.18　百分表零位的调整

2.4.3　内径百分表

　　(1)内径百分表的结构

　　内径百分表可以用来测量孔径和孔的形状误差,用于测量较深的孔极为方便。其结构如图 2.16(c)所示。

（2）内径百分表的测量范围

通过可更换触头，可以调整内径百分表的测量范围。其测量范围有 6 ~ 10 mm、10 ~ 18 mm、18 ~ 35 mm、35 ~ 50 mm、50 ~ 100 mm、100 ~ 160 mm 等。

（3）内径百分表的测量方法

①根据孔径的大小，确定测量头，装上测杆。

②用内径千分尺或其他测量孔径的量具测出孔径，记下读数。

③用内径百分表测偏差。测量时，摆动内径百分表，读出百分表中的最小值，加上"②"的读数值就是孔径的实际尺寸，如图 2.19 所示。

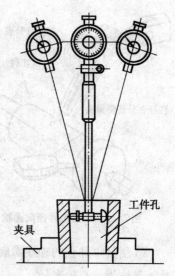

图 2.19　内径百分表的测量方法

想一想

1. 如何正确安装、拆卸及保养百分表？

2. 内径千分尺可以替代内径百分表吗？

2.4.4　百分表的其他用途及测量方法

①在偏摆仪上测量圆跳动，如图 2.20 所示。

②测量工件两边是否等高，如图 2.21 所示。

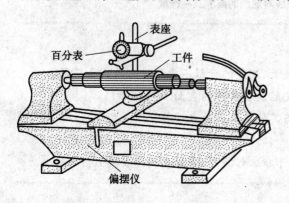

图 2.20　在偏摆仪上测量圆跳动

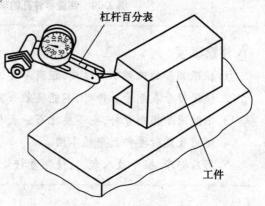

图 2.21　测量工件两边是否等高

③测量工件径向圆跳动，如图 2.22 所示。

④测量零件孔的轴线对底面的平行度，如图 2.23 所示。

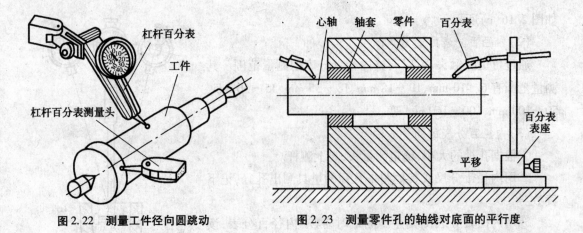

图 2.22　测量工件径向圆跳动　　　　图 2.23　测量零件孔的轴线对底面的平行度

⑤测量零件孔的轴线对底面的高度及平行度,如图 2.24 所示。其测量结果 = 百分表读数 + 量块值 − 心轴半径。

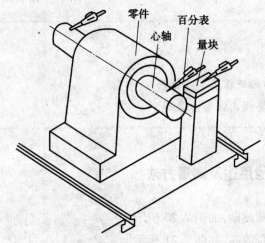

图 2.24　测量零件孔的轴线对底面的高度及平行度

⚠ 注意事项

1. 拉压测量的次数不宜过频,距离不要过长,测量的行程不要超过它的测量范围。

2. 使用百分表测量工件时,不能使触头突然放在工件的表面上。

3. 不能用手握测量杆,也不要把百分表与其他工具混放在一起。

4. 使用表座时要安放平稳牢固。

5. 用后擦净、擦干放入盒内,使测量杆处于非工作状态,避免表内弹簧失效。

2.5　游标万能角度尺

2.5.1　游标万能角度尺的结构

游标万能角度尺是用来测量工件内外角度的量具,游标万能角度尺的结构,如图 2.25 (a)所示。

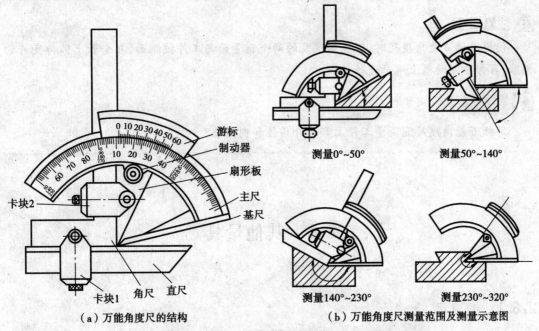

（a）万能角度尺的结构　　　　　　　　（b）万能角度尺测量范围及测量示意图

图 2.25　万能角度尺的结构和万能角度尺测量范围及测量示意图

2.5.2　游标万能角度尺的使用方法

（1）游标万能角度尺的识读及组合方式

常用的游标万能角度尺的游标刻度值是 2 分,其读数原理与游标卡尺相同,只是万能角度尺读出来的数是角度,从主尺(尺身)上读出整度数,从游标上读对齐的刻线,乘以分度值,两者相加就是被测工件的读数。改变直尺和直角尺的组合位置,可以测量 0°～320°的角度,其组合方式如图 2.25(b)所示。

（2）游标万能角度尺的测量步骤

1）清洁

测量前,将基尺、角尺、直尺、各工作面擦净。

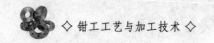

2）对零位

把基尺与直尺合拢,看游标 0 线与主尺 0 线是否对齐,零位对正后,才能进行测量。如果不能对正,应送有关部门修理。

3）测量

根据被测角度的大小,调整万能角度尺的结构。

①被测角度为 0°～50°,应装上角尺和直尺;

②被测角度为 50°～140°,应装上直尺;

③被测角度为 140°～230°,应装上角尺;

④被测角度为 230°～320°,不装角尺和直尺。

⚠ **注意事项**

使用游标万能角度尺时,万能角度尺的两个测量面与工件被测面,在全长上保持良好的接触,再拧紧制动器上螺母进行读数。

 想一想

游标万能角度尺能测量工件上哪些外角值和内角值?

2.6 其他量具

2.6.1 钢直尺

（1）钢直尺的规格

钢直尺是一种简单的量具,如图 2.26 所示。尺面上刻有公制或英制两种,公制钢直尺的分度值是 1 mm,常用规格有 150 mm,200 mm, 300 mm,500 mm 等多种。

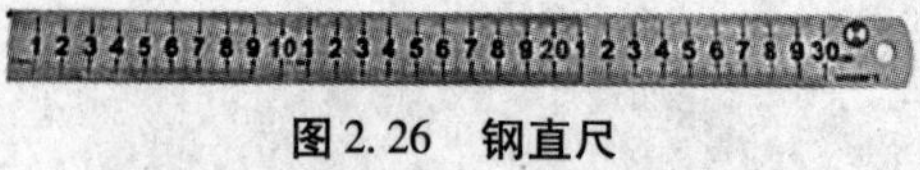

图 2.26 钢直尺

（2）钢直尺的用途

钢直尺主要用来测量长度尺寸,也可以作为划直线时的导向工具,如图 2.27 所示。

⚠ **注意事项**

钢直尺使用时必须经常保持良好状态,尺身不能弯曲,尺端尺边不能损伤,且相互垂直。

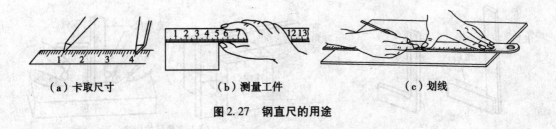

| （a）卡取尺寸 | （b）测量工件 | （c）划线 |

图 2.27　钢直尺的用途

2.6.2　刀口尺

刀口尺结构如图 2.28(a)所示。刀口尺主要是以透光法来测量工件表面的直线度、平面度,如图 2.28(b)所示。

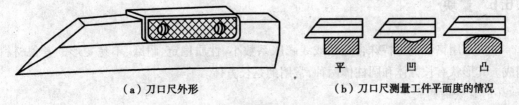

（a）刀口尺外形　　　　　　　　　　（b）刀口尺测量工件平面度的情况

图 2.28　刀口尺及测量示意图

2.6.3　塞尺

塞尺如图 2.29 所示,由不同厚度的金属薄片组成。它是用来检测两个接合面之间间隙大小的量具。

使用塞尺时,根据间隙的大小,可用一片或数片叠合在一起插入间隙内。如用0.4 mm的塞尺能插入工件间隙,用0.45 mm的塞尺不能插入工件间隙,说明工件间隙为0.4~0.45 mm。

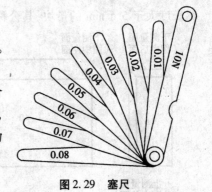

图 2.29　塞尺

⚠️ **注意事项**

塞尺的片有的很薄,易弯曲和折断,测量时不能用力太大,不能测量温度较高的工件。

2.6.4　直角尺

直角尺结构如图 2.30(a)所示。直角尺主要用于测量工件的垂直度。测量方法如图2.30(b)所示。

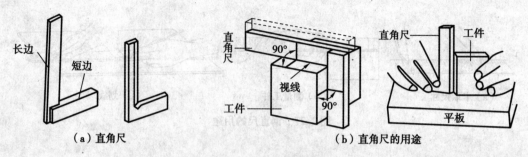

（a）直角尺　　　　　　　　（b）直角尺的用途

图 2.30　直角尺及其用途

如图 2.30（b）所示，左图是以直角尺为基准，用透光法来检测工件上面和右面的垂直度；右图是以平板为基准，用透光法来检测工件左面的垂直度。

2.6.5　量块

量块是用铬锰钢等特殊合金钢或线膨胀系数小、性质稳定、耐磨、不易变形的其他材料制成。其形状有长方体和圆柱体两种，常用的是长方体。

（1）量块的构成

长方体的量块有两个平行的测量面，其余为非测量面。测量面极为光滑、平整，其表面粗糙度 R_a 值达 0.012 μm 以上，两测量面之间的距离即为量块的工作长度（标称长度）。

如图 2.31（a）、（b）所示，标称长度小于 5.5 mm 的量块，其公称值刻印在上测量面上；标称长度大于 5.5 mm 的量块，其公称长度值刻印在上测量面左侧较宽的一个非测量面上。

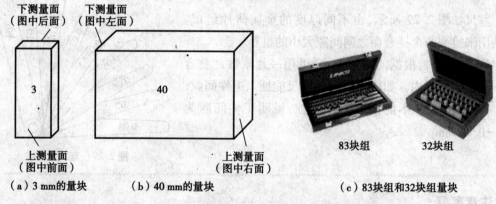

（a）3 mm 的量块　　（b）40 mm 的量块　　　　（c）83块组和32块组量块

图 2.31　量块的构成和量块的类型

（2）量块的使用

1）量块的用途

①作为长度尺寸标准的实物载体，将国家的长度基准，按照一定的规范，逐级传递到机械产品制造环节，实现量值统一。

②作为标准长度，标定量仪，检定量仪的示值误差。如检定千分尺、游标卡尺等。

③相对测量时，以量块为标准，用测量器具比较量块与被测尺寸的差值。

④也可直接用于精密测量、精密划线和精密机床的调整。

2）量块的选用

量块是定尺寸量具，一个量块只有一个尺寸。为了满足一定范围的不同要求，量块可以利用其测量面的高精度所具有的黏合性，将多个量块研合在一起，组合使用。根据标准 GB 6093—85 规定，我国成套生产的量块共有 17 种套别。如常用的 83 块组（尺寸不同的 83 块量块）、32 块组（尺寸不同的 32 块量块）等，如图 2.31（c）所示。

量块测量层表面，有一层极薄的油膜，在切向推合力的作用下，由于分子间的吸引力，使两个量块研合在一起，就可以把量块组合成一个尺寸，用于测量。

3）量块的组合

为了减少量块的组合误差，应尽量减少量块的组合块数，一般不超过 4 块。选用量块时，应从所需组合尺寸的最后一位数开始，每选一块，至少应减去所需尺寸的一位尾数。例如，从 83 块组的量块中，组合 38.745 mm 的尺寸，其方法为：

$$38.745……所需尺寸$$
$$- \quad 1.005……第一块量块尺寸$$
$$\overline{}$$
$$37.74$$
$$- \quad 1.24……第二块量块尺寸$$
$$\overline{}$$
$$36.5$$
$$- \quad 6.5……第三块量块尺寸$$
$$\overline{}$$
$$30……第四块量块尺寸$$

即从 83 块组的量块中，选尺寸为 1.005，1.24，6.5，30 的 4 块量块，研合在一起，就组成了 38.745 mm 的尺寸。

可用 38.745 mm 的量块组作为标准，与其他量具（常用百分表或千分表）配合，测量与 38.745 mm 相近的长度尺寸，读出的数是量块与被测尺寸的差值，其测量结果 = 38.745 + 读出的"差值"。

按此方法，可组合其他所需尺寸的量块组，用来检测被测尺寸。

⚠ **注意事项**

1.量块必须在有效期内使用，否则应及时送专业部门检定。

2.使用环境良好，防止各种腐蚀性物质及灰尘对测量面的损伤，影响其黏合性。

3.所选量块应用航空汽油清洗、洁净软布擦干，待量块温度与环境温度相同后，方可使用。

4.轻拿、轻放量块，杜绝磕碰、跌落等情况的发生。

5.不得用手直接接触量块，以免造成汗液对量块的腐蚀及手温对测量精确度的影响。

6.使用完毕，应用航空汽油清洗所用量块，将其擦干后涂上防锈脂，存于干燥处。

2.6.6 水平仪

水平仪分为框式水平仪和条式水平仪,其外观如图2.32(a)、(b)所示。它主要用来测量零件的直线度和平面度,如图2.32(c)、(d)所示。

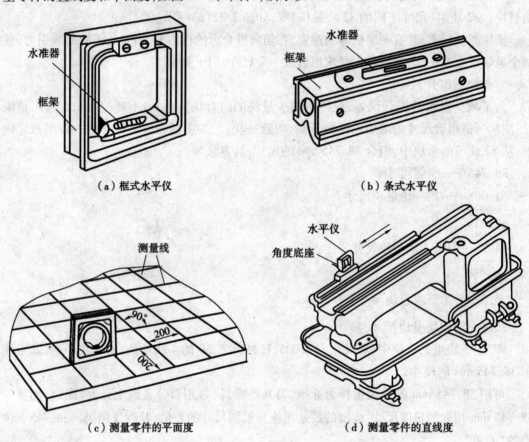

（a）框式水平仪   （b）条式水平仪

（c）测量零件的平面度   （d）测量零件的直线度

图2.32　水平仪及其用途

2.6.7 量规

在生产现场,大批量生产零件时,用千分尺等量具来测量工件,就不太方便,常常要使用量规来测量工件。量规是一种无刻度值的专用量具,用它来检验工件时,只能判断工件是否在允许的极限尺寸范围内,而不能测出工件的实际尺寸。

检验轴用的量规,称为卡规;检验孔用的量规,称为塞规,如图2.33(a)、(b)所示。

（1）量规的使用方法

以塞规检验孔为例,讲述量规的一般用法,如图2.33(c)所示。

塞规是用来判断孔是否合格的量具。每一个尺寸的孔,就有一个对应的塞规。塞规有

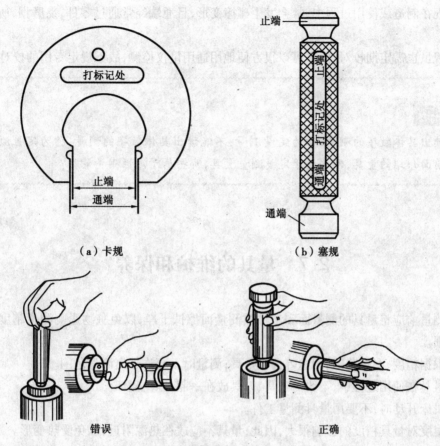

（a）卡规　　　　　　　　　　（b）塞规

（c）塞规测量工作内径

图2.33　量规及其使用方法

两个端,其直径不相等,大端的直径等于孔的最大直径,叫止端,用代号用Z表示;小端的直径等于孔的最小直径,叫通端,用代号用T表示,如图2.33(b)所示。

被加工的孔,用对应的塞规去塞,如果止端塞不进孔(叫止端不通),通端能塞进孔(叫通端通),则被加工的孔是合格的。否则,被加工的孔就不合格。如果止端与通端都不通,则孔小了;如果止端与通端都通,则孔大了。

卡规是用来判断轴是否合格的量具,其使用方法与塞规类似。

（2）量规的种类

量规按用途不同,分为工作量规、验收量规和校对量规。

1）工作量规

工作量规是生产过程中操作者检验工件时所用的量规。

2）验收量规

验收量规是验收工件时,检验人员或用户所用的量规。

3）校对量规

校对量规是检验工作量规的量规。

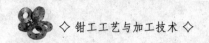

塞规在制造或使用过程中,常会发生碰撞变形,且通端经常通过零件,易磨损,所以要定期校对。

卡规虽也需定期校对,但它可以很方便地用通用量仪检测,故不规定专用的校对量规。

能读出具体数字的测量,称为定量测量;不能读出具体数字的测量,称为定性测量。归纳一下前面介绍的量具,哪些属于定量测量量具,哪些属于定性测量量具?

2.7　量具的维护和保养

①测量前应将量具的测量面和工件被测量面擦拭干净,以免脏物影响测量精度和加快量具磨损。

②根据精度、测量范围、用途等选择量具;测量时不允许超出测量范围。

③量具在使用过程中,不要与工具、刀具放在一起,以免碰坏。

④机床开动时,不要用量具测量工件。

⑤温度对量具精度的影响很大,因此,量具不应放在热源附近,以免受热变形。

⑥量具用完后,应该及时擦拭干净、涂油,放在专用盒中,保持干燥,以免生锈。

⑦精密量具应该定时定期鉴定、保养和检修。

⑧量具放置应远离磁场,避免被磁化。

●思考练习题

1. 简述游标卡尺的测量步骤。

2. 简述使用游标卡尺的注意事项。

3. 分别读出图2.34、图2.35、图2.36、图2.37、图2.38的读数。

4. 简述千分尺的测量步骤。

5. 简述使用千分尺的注意事项。

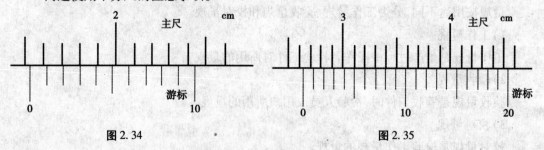

图2.34　　　　　　　　　　图2.35

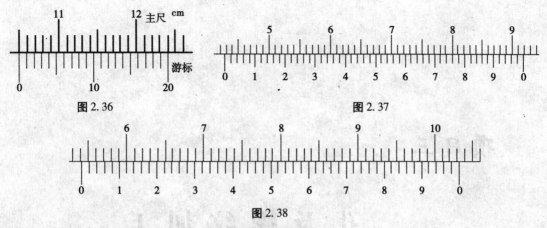

图 2.36

图 2.37

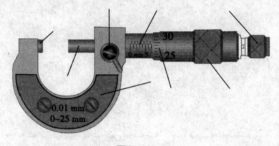

图 2.38

6. 如图 2.39 所示的千分尺,标出指引线所指的名称。

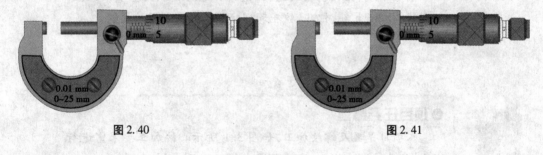

图 2.39

7. 分别读出图 2.40、图 2.41 的读数。

图 2.40

图 2.41

●技能训练题

用游标卡尺、万能游标量角器、千分尺、百分表,对给定工件进行测量训练。

项目三

孔 及 螺 纹 加 工

●项目目标

    明确划线、钻孔、扩孔、锪孔、铰孔和螺纹加工的基本知识；掌握划线、钻孔、扩孔、锪孔、铰孔和螺纹加工的基本操作技能。

●项目任务概述

    本项目是孔及螺纹加工，如图3.1所示。按加工要求需进行划线、钻孔、扩孔、锪孔、铰孔和螺纹加工等项工作。

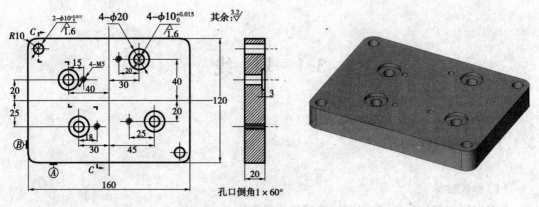

图 3.1 项目三零件加工图

●材料及工量具准备

本项目所需材料:Q235 钢板 160 mm × 120 mm × 20 mm。

本项目所需工量具:划线平板、划针、划规、样冲、高度游标尺、榔头、钢直尺、游标卡尺、深度游标尺、标准麻花钻、扩孔钻、锪孔钻、圆柱直铰刀、丝锥、铰杠、毛刷、涂料等。

●加工过程

表 3.1 为孔及螺纹的加工过程。

表 3.1 孔及螺纹的加工过程

序号	加工步骤	加工概述
1	划线	划出所有孔的加工位置线,并打出样冲眼。
2	钻孔	$\phi 10$ 孔初加工:用 $\phi 7$ 钻头钻孔;M5 螺孔底孔加工:用 $\phi 4.2$ 钻头钻孔。
3	扩孔	$\phi 10$ 孔扩孔加工:用 $\phi 9.8$ 钻头扩孔。
4	锪孔	$\phi 20$ 沉孔加工:用 $\phi 20$ 锪孔钻锪深 3 mm 沉孔;$\phi 9.8$、$\phi 4.2$ 孔口倒角。
.5	铰孔	$\phi 10$ 孔精加工:用 $\phi 10$h7 铰刀将孔加工至达到图纸要求。
6	攻螺纹	M5 螺孔加工:用 M5 丝锥加工螺孔。

3.1 划 线

3.1.1 学习目标

（1）知识目标

明确划线工具的种类；掌握划线基准的选择方法。

（2）技能目标

掌握划线工具的使用方法和划线方法；掌握一般零件划线操作步骤。

3.1.2 任务描述

本次任务是在所给材料上划出孔的加工位置，并打出样冲眼，如图3.2所示。

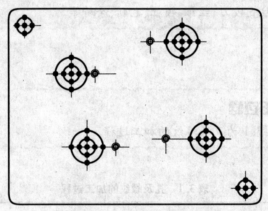

图 3.2　划线工件图

3.1.3 相关知识

（1）划线的概念及分类

划线是指根据图样要求或实物的尺寸，在毛坯或工件上用划线工具准确地划出图形、加工界线的操作。划线分平面划线和立体划线两种。

1）平面划线

只需在工件的一个表面上划线后，即能明确表示加工界线的，称为平面划线，如图3.3所示。如在板料、条料表面上划线或在法兰盘端面上划钻孔加工线等，都属于平面划线。

2)立体划线

在工件上几个(至少两个)互成不同角度(通常是互相垂直)的表面上都划线,才能明确表示加工界线的,称为立体划线,如图3.4所示。如划出几何形体工件各表面上的加工线以及支架、箱体等表面的加工线,都属于立体划线。

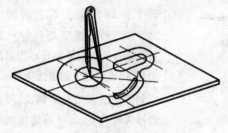 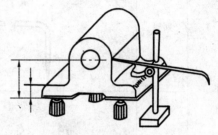

图 3.3　平面划线　　　　　　　　　　　图 3.4　立体划线

(2)划线的作用

①确定工件的加工位置及余量,使加工有明确的尺寸界线;

②便于复杂工件在机床上的找正与定位;

③能够及时发现和处理不合格的毛坯,避免投入生产后造成损失;

④通过合理分配毛坯件各表面的加工余量,使误差不大的毛坯得到补救,避免了不必要的工件报废或挽救可能报废的毛坯。

(3)划线的要求

划线工作对零件的加工质量有直接的影响。在划线前必须看清图样,细心操作,反复校核尺寸,避免因划线而导致废品的产生。因此,对划线的基本要求是:

①图形正确,尺寸准确。

②线条清晰均匀。

此外,冲眼还要符合要求。

(4)划线的精度

由于划出的线条总会有一定的宽度,同时还受到划线工具及测量调整尺寸等方面的影响,划线精度一般不高,只能达到0.25~0.5 mm。因此,通常不能靠划线来确定加工时的最后尺寸,对有精度要求的尺寸必须通过测量来保证。

划线广泛应用于单件和小批量生产,它是钳工应该掌握的一项基本操作。

 想一想

1.在工件表面划出图形的操作称为划线,这种说法正确吗?

2.在加工中只要按照所划出的线进行加工,就能保证零件的加工质量吗?

(5)划线工具

表3.2为常用划线工具。

表 3.2　常用划线工具

类型	名　称	图　例	说　明
划线工具	划针		划针用 $\phi 4 \sim 6$ mm 的弹簧钢丝或高速钢制成，长 $200 \sim 300$ mm，其工作部分在砂轮上磨制成 $15° \sim 20°$ 的圆锥尖角经淬火硬化。划针的作用是在导向工具的引导下，在工件上划出线迹。
	划规		划规用碳素工具钢制成，脚尖经淬火硬化，也可将高速钢做成的脚尖焊接在划规上。常用的划规有普通式和弹簧式等几种。划规用来在钢尺上量取尺寸、等分线段、作角度线和圆弧线等。
	样冲		样冲用碳素工具钢制成，其尖部经淬火硬化，也可用高速钢制作。样冲的作用是在工件划出的线条上冲眼，以固定所划线条，使加工界限清晰。划圆弧前要用样冲在圆心处冲眼，作为划规脚的定位中心。
	划针盘		划针盘用来在平板上划出与平板工作面平行的直线，也可用来找正工件。
	高度游标尺		高度游标尺实际上是游标尺和划针盘的组合，其划针脚上嵌有硬质合金，可用其尖角进行划线。用高度游标尺划线，量取尺寸准确，多用于在已加工表面上进行精密划线。
	直角尺		利用直角尺可划平行线、垂直线、找正工件平面与划线平板台面的垂直位置。

续表

类　型	名　称	图　例	说　明
基准工具	划线平板		划线平板是进行划线操作的平台,用来安放工件和划线工具。它用铸铁制成,工作表面经过精刨或刮削加工,是进行立体划线的基准工作面。
支承工具	方箱		划线方箱是用铸铁制作的一个空心箱体,经精密加工使各相邻表面相互垂直。方箱适宜于安放小型工件(特别是异形件),用方箱上的夹紧装置将工件夹紧后,翻转方箱即可将工件长、宽、高三个方向的加工线全部划出。
	千斤顶	螺杆 螺母 锁紧螺母 螺钉 底座	千斤顶是支承工具,通常是三个为一组,用于支承不规则的工件,以便进行划线操作。一般多用于立体划线。
	V 形块		V 形块常用铸铁或碳钢制成,工作面成 90° 或 120° 夹角。V 形块主要支承圆柱形工件,对较长工件可成对使用。

⚠ **注意事项**

1. 划针针尖应保持尖锐,划线要尽量做到一次完成,使划出的线条清晰、准确。

2. 在钢尺上用划规截取尺寸时,应将一个脚尖落在钢尺的刻度线中,然后左右摆动划弧获得准确的尺寸,并应沿钢直尺重复量取数次,以减少误差;用划规划圆时,作为旋转中心的一脚应加较大的压力,另一脚则以较轻的压力在工件表面上划出圆或圆弧,这样圆心不致滑动。

3. 在工件所划线条上冲眼时,金属薄板上冲眼要浅;粗糙表面上冲眼要深;软材料、精加工表面不冲眼;在直线段上冲眼的距离可大些,在圆弧上的眼距应小些,线条的交叉处必需冲眼。

4.平板应经常保持台面的清洁,以防止铁屑、灰砂等杂物划伤表面。工件上台时应轻放,严禁敲击工作表面,使用后要擦拭干净,并涂上机油以防生锈。

5.划线盘划针的直头端用于划线,弯头端用于对工件安装位置的找正。

(6)划线基准选择

1)基准的概念与设计基准

基准就是依据的意思。通常把零件图中用来确定其他点、线、面位置的这些点、线、面称为设计基准。

2)划线基准

划线基准就是在划线时用来确定零件上点、线、面位置的依据。例如,在板料上要完整地划出如图 3.5 所示图形,应先划水平线 O_1O_2 和垂直线 O_2O_3,因为它们是确定整个图形的基准,也是确定该图形上其他圆弧和直线位置的依据。

3)划线基准选择

①划线时,应从划线基准开始。在选择划线基准时,先分析图样,找出设计基准,使

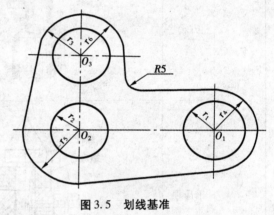

图 3.5 划线基准

划线基准与设计基准尽量一致,以便能够直接量取划线尺寸,简化换算过程。在工件的一个表面上进行划线时,通常采用这一原则确定划线基准。

②当工件为成形毛坯时,应选择工件上的重要部位为划线基准(坯件上的孔、已加工面等)。

选择设计基准为划线基准一般有以下 3 种类型,如图 3.6 所示。

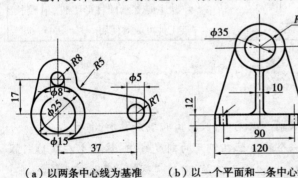

(a)以两条中心线为基准　　(b)以一个平面和一条中心线为基准　　(c)以两个互相垂直的平面为基准

图 3.6 划线基准类型

划线时在零件的每一个方向都需要选择一个基准,因此,平面划线时一般要选择两个划线基准。而立体划线时一般要选择三个划线基准。

想一想

1. 两个正常发育的小孩,一个3岁,一个10岁,他们两人谁高?从这个问题中你受到什么启发?

2. 本次任务划线时的划线基准在何处?

(7)划线步骤

1)清理工件

铸件要去掉浇冒口和飞边,清除表面黏附的型砂;锻件要去掉飞边和氧化皮;半成品要清除毛刺、修钝锐边、擦净油污。

2)工件涂色

对于表面粗糙的大型毛坯,选用石灰水(小件涂粉笔);形状复杂的已加工面,可选用硫酸铜溶液;对于表面光滑的铸、锻件及一般已加工面,可选用酒精色溶液。涂层要薄而均匀。

3)在有孔的工件上划线

要先用木块堵孔,以便确定孔中心。

4)在毛坯工件的端面找正并确定中心

可用单脚划规、V形块,如图3.7、图3.8所示。

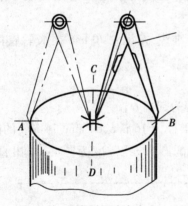
图 3.7 单脚划规确定中心

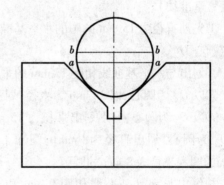
图 3.8 V形块确定中心

5)确定已加工孔的中心

可以用加工刀痕确定圆心,如图3.9所示;以任意两弦的垂直平分线确定圆心,如图3.10所示;用硬木块或伸缩螺杆工具卡在孔中,采用几何作图的方法,找到中心,如图3.11所示。

6)作图划线

按工件图要求,先划基准线,按水平线、垂直线、角度斜线、圆弧线的顺序作图划线。

7)打样冲眼

图形及尺寸复核校验,确认无误后在加工线上打样冲眼。

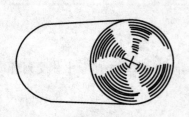

图 3.9 用加工刀痕确定圆心

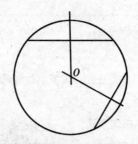

图 3.10 以任意两弦的
垂直平分线确定圆心

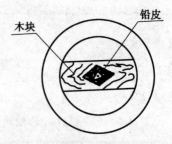

图 3.11 用硬木块确定圆心

 想一想

1. 你能划出 15°,30°,45°,60°,75°,90° 的角度线吗?

2. 你能将圆周进行 3,4,5,6 等分吗?

3. 你能分清楚圆弧连接时的外连接和内连接吗?

(8)平面划线技能

图 3.12 所示的孔板工件,其划线过程为:

按图中尺寸所示,应确定以直径为 $\phi15$ mm 的圆的中心线为基准(以下称为水平基准线和垂直基准线)。

①先划直径为 15 mm 的圆的水平基准线和垂直基准线,按尺寸 70 mm 在水平基准线上确定圆心 O_2。

②划出与水平基准线相距 13 mm 的平行线。

③以 O_1 为圆心,以 28 mm 为半径,划弧得交点,即为圆心 O_3。

④以 O_1 为圆心,分别划出直径为 15 mm 的圆和半径为 16 mm,64 mm,74 mm 的圆弧。以 O_2 为圆心,划出直径为 8 mm 的圆和半径为 10 mm 的圆弧。以 O_3 为圆心,划出直径为 8 mm 的圆和半径为 8 mm 的圆弧。

⑤作出与水平基准线相距 9 mm 和 12 mm 的两条平行线。

⑥以 O_1 为圆心,以 $(64-11)$ mm 和 $(74-21)$ mm 为半径划弧,得圆心交点 O_4,O_5。

⑦以 O_4、O_5 为圆心划出半径为 11 mm 和 21 mm 的圆弧。

⑧作出与圆弧 $R11$ 相切且与水平基准线成 60° 的角度斜线。

⑨划出与圆弧 $R16$ 和 $R21$ 相切的连

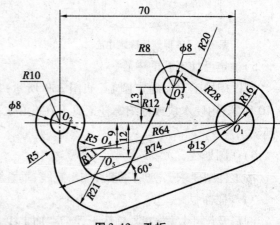

图 3.12 孔板

接直线。

⑩找出连接圆弧的圆心,分别划出半径为 5 mm、12 mm 和 20 mm 的连接圆弧线。

⑪划线后检查和冲眼。

划线过程中,圆心找出后应打样冲眼,以便用划规划圆弧。在线的交点处以及轮廓线上按一定的距离也要打样冲眼,以保证加工界线清楚可靠和质量检查。

(9)立体划线

立体划线工作的关键是能看懂零件图,明确零件各部分在机器中所起的作用,所划线条在零件加工过程中的作用以及正确地找正工件在划线平板上的位置。

1)立体划线找正的作用

①当毛坯上有不加工表面时,通过找正后再划线,可使加工表面与不加工表面之间保持尺寸均匀。

②当毛坯上没有不加工表面时,将各个加工表面位置找正后划线,可使各加工表面的加工余量得到均匀分布。

2)立体划线的找正原则

①按不加工表面找正,使待加工表面与不加工表面各处尺寸均匀。

②工件上如有几个不加工表面时,应选重要的或较大的不加工表面作为找正依据,使误差集中到次要的部位。

③若没有不加工表面,可以将待加工的毛坯孔和凸台外形作为找正依据。

④对有装配关系的非加工部位,应优先作为找正基准,以保证零件经划线和加工后能顺利地进行装配。

3)立体划线步骤

图 3.13 所示轴承座,其立体划线步骤如下:

①认真分析图纸,确定划线基准和划线步骤。

②将工件清理干净并涂色。

③以 R50 的外圆轮廓为找正依据,确定轴承座内孔的中心。

④用 3 个千斤顶支承轴承座底面,如图 3.13(b)所示。调整千斤顶配合用划针盘,使两孔中心调整至同一高度,同时兼顾找平 A 面(A 面为不加工面),划出基准线 I-I、底面加工线和两端螺纹孔的上平面加工线。

⑤将工件侧翻90°用千斤顶支承,如图 3.13(c)所示。用 90°角尺按已划出的底面加工线来找正垂直位置,划出基准线 II-II 和两端螺纹孔中心线。

⑥再将工件翻转,用千斤顶支承,如图 3.13(d)所示。划出基准线 III-III 和两个大端面的加工线。

⑦用划规划出轴承座内孔和两端螺纹孔的圆周尺寸线。

⑧对图样和尺寸进行认真校对,检查无误后,在线条上打样冲眼。

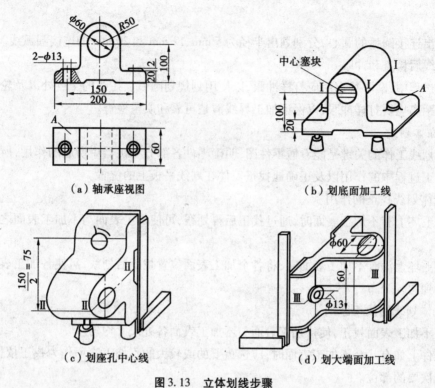

（a）轴承座视图   （b）划底面加工线

（c）划座孔中心线   （d）划大端面加工线

图 3.13   立体划线步骤

⚠ **注意事项**

1. 选择划线位置时一定要保证安全、合理地选择支承点。尤其是大型工件，为方便调整，一般选 3 点支承，且尽可能分散。若有偏重情况，还要增设辅助支承。

2. 千斤顶不能受冲击力。大件划线时，只能用枕木或垫铁支承，然后用千斤顶调整。

（10）利用分度头划线

分度头是铣床的分度附件。钳工在划线时也常用分度头对工件进行分度划线等操作。图 3.14 为分度头的外观图。

分度头的主轴端装有三爪卡盘，用来装夹工件。划线时，将分度头放在划线平板上，工件装于卡盘上，利用划针盘或高度尺，可直接进行分度划线。用分度头可在工件上划出水平线、垂直线、角度斜线、圆周的等分线或不等分线。

1）分度头的主要规格

分度头的主要规格是以顶尖（主轴）中心线到底面高度（mm）表示。例如分度头 FW125：即表示顶尖中心到底面高度为 125 mm 的万能分度头。常

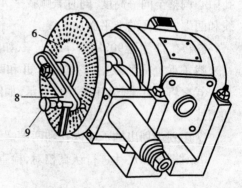

图 3.14   分度头外观图

用规格有:FW100、FW125、FW160 等。

2)分度头工作原理

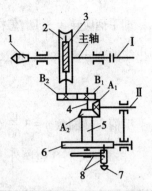

图 3.15 分度头工作原理图

如图 3.15 所示,2 为安装在主轴上 40 齿的蜗轮;3 为单线蜗杆,且与蜗轮啮合;B_1、B_2 为两齿数相等的圆柱直齿轮。分度时,将工件装夹在卡盘 1 上,当拨出分度手柄插销 7,转动手柄 8,绕心轴 4 转一周,通过 B_1、B_2 带动蜗杆转过一周,而蜗轮则转过1/40周,同理工件也转过 1/40。分度盘6、套筒5 及圆锥齿轮 A_2 相连,空套在心轴 4 上。

分度盘上设有几圈不同数目的等分小孔。根据计算出的手柄转动圈数,选择合适的分度盘孔圈,将手柄 8 依次转过一定的整转数或孔数,即可对工件进行分度或划线。

3)简单分度

分度时,分度盘固定不动,转动手柄8,经心轴 4 和 B_1、B_2 转动,再经蜗轮副转动,实现分度。由于蜗轮副传动比为 1/40,因此,工件在完成每一等分时,分度手柄 8 应转过的圈数,可由下式计算求得:

$$n = \frac{40}{Z}$$

式中 n——工件每分一等分时,手柄所转圈数;

  Z——工件所需等分数。

例 1 要在某一法兰盘端面划出均布的 10 个孔位,试计算出利用分度头划线时,每划完一个孔位后分度手柄应转过多圈?

解:根据公式

$$n = \frac{40}{Z} = \frac{40}{10} = 4(\text{圈})$$

即每划完一个孔位后,分度手柄应转过 4 圈,再划另一孔位,以此类推。

有时按上述方法计算出的手柄圈数不是整数。例如需将工件圆周进行 27 等分,得分度手柄圈数 $n = \frac{40}{27} = 1\frac{13}{27}$ 圈,这时,就要利用分度盘。根据分度盘上现有孔的数目孔圈(见表3.3),把 $\frac{13}{27}$ 的分子和分母同时扩大相应的倍数,使分母与分度盘上的某一孔圈数相等。扩大后的分子数就是分度手柄在该孔圈上应转过的孔距数。

如:将 $\frac{13}{27}$ 分子分母同时扩大两倍,即 $\frac{13}{27} \times \frac{2}{2} = \frac{26}{54}$,则分度手柄 $n = 1\frac{13}{27} = 1\frac{26}{54}$。即分度手柄和插销 7 在分度盘上有 54 个小孔的孔圈位置转过一整圈加 26 个孔距,即完成一等分划线工作,以此类推。

例 2 将圆周等分为 11 等分,求手柄应转的圈数。

解:$n = \frac{40}{11} = 3\frac{7}{11}$

即手柄应转 $3\frac{7}{11}$ 圈,怎样保证手柄正确地转 $\frac{7}{11}$ 圈呢? 这时就须利用分度盘,在表3.3中找出能被分母整除的孔圈数,本例中能被11整除的孔圈数是66,将分子分母同时扩大6倍。

$$\frac{7}{11} \times \frac{6}{6} = \frac{42}{66}$$

手柄应转圈数 $n = 3\frac{42}{66}$ (圈)

答:手柄除转3整圈外,还应在66的孔圈上转过42个孔距。

表3.3　分度盘的孔数

分度头型式	分度盘的孔数
带一块分度盘	正面:24、25、28、30、34、37、38、39、41、42、43 反面:46、47、49、51、53、54、57、58、59、62、66
带两块分度盘	第一块正面:24、25、28、30、34、37 反面:38、39、41、42、43 第二块正面:46、47、49、51、53、54 反面:57、58、59、62、66

 想一想

1.分度时两分度叉之间的孔数和孔距数有什么区别?

2.选择分度盘孔圈孔数时,为什么选择孔数多的孔圈好一些呢?

⚠ **注意事项**

1.分度时,在摇手柄的过程中,速度应均匀,如摇过了头,则应将分度头手柄退回半圈以上,然后再按原方向摇至规定位置。

2.松开分度叉紧固螺钉,可任意调整两叉之间的孔数,为了防止摇动分度手柄时带动分度叉转动,用弹簧片将它压紧在分度盘上。分度叉两叉间的实际孔数,应比所需要的孔距数多一个孔,因为第一孔是作零来计数的。如图3.16所示是每次分度摇5个孔距的情况。

3.分度时手柄上的定位销,应慢慢插入分度盘孔中。

4.简单分度时,若扩大的倍数有多种选择时,应选择倍数较大(孔数多)的孔圈。

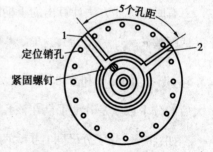

图3.16　分度叉确定孔距

3.1.4 工件划线工艺及评分标准

(1)准备工作

在划线前应完成如下准备工作：

①仔细对照加工图纸和毛坯,对要划出的加工线心中有数。

②准备好所需的各种划线用工量具。

③清理划线平台,清洁毛坯,除去毛坯上的油污、铁锈和毛刺。

④均匀地在毛坯上涂一层涂料。

(2)划线工艺

本次划线的任务主要是通过划平行线来确定孔的加工位置,可用高度尺和划线方箱或角铁配合划线,其划线工艺见表3.4。

表3.4 划线工艺

序号	图 示	工艺过程
1		1.以A面为基准面,将工件放在划线平台上,并与划线方箱或角铁贴合,保证工件划线平面与划线平台面垂直。 2.用高度游标尺分别量取(60 + 50)mm,(60 + 40)mm,(60 + 20)mm,(60 - 20)mm,(60 - 25)mm,(60 - 50)mm,在相应位置划出平行线。
2		1.将工件翻转90°,以B面为基准,将工件放在划线平台上,并与划线方箱或角铁贴合,保持工件划线平面与划线平台面垂直。 2.用高度游标尺分别量取(80 + 70)mm,(80 + 40)mm,(80 + 30)mm,(80 + 25)mm,(80 + 12)mm,(80 - 10)mm,(80 - 20)mm,(80 - 30)mm,(80 - 45)mm。(80 - 70)mm,在相应位置划出平行线。
3		1.对照图纸检查划线的正确性,然后用样冲分别在孔中心打上样冲眼,检查样冲眼尺寸的正确性。 2.将工件平放在划线平台上,用划规划出孔的位置线。 3.用样冲在圆周上打样冲眼。 4.再次按图检查,校核尺寸。

⚠ 注意事项

1. 划线前应去掉工件上的毛刺。

2. 如何保证划线尺寸的准确性,划线线条细且清楚及冲眼的准确性是难点。

3. 划线过程中,圆心找出后随即打样冲眼,以备圆规划圆弧。

4. 平面划线常要在两个面划线(正面和反面),调整好高度游标尺,划好正面的线后,把背面的线一起划好。

5. 划线完毕,一定要进行复核,避免差错。

6. 工具要放置合理,把左手使用的工具放在左边,右手使用的工具放在右边,并且整齐稳妥。

(3)评分标准

表3.5 为划线评分标准。

表3.5 划线评分标准

学号			姓名		总得分	
序号	质量检查内容	配分		评分标准	自我评分	教师评分
1	工件涂色	4		一处不均匀扣1分		
2	尺寸公差 ±0.3	30		超差一处扣3分		
3	线条清晰无重线	14		一处重线扣2分		
4	孔中心位置公差 ±0.3	18		冲偏一处扣2分		
5	样冲眼分布合理	14		一处不合理扣2分		
6	工具使用正确	10		发现一次扣2分		
7	操作姿势正确	10		发现一次扣2分		
8	安全文明生产			酌情扣分		

注:各项扣分扣完为止,不倒扣分。

(4)划线时常见的废品形式及产生原因

表3.6 为划线时常见的废品形式及产生原因。

表3.6 划线时常见的废品形式及产生原因

废品形式	产生原因
尺寸与图纸不符	1. 没有仔细审读图纸,看错尺寸。 2. 测量工具不准确。 3. 测量工具使用不当。 4. 划线工具使用不当。

续表

废品形式	产生原因
划线不清晰	1. 划线力度不够。 2. 没在相应位置打样冲眼。
样冲眼位置不正确	1. 样冲眼位置打错。 2. 打样冲眼的方法不正确。

●自我总结与点评

1. 自我评分,自我总结安全操作、文明生产情况;老师点评。

2. 操作完毕,整理工作位置;清理干净钳台;整理好工、量具;搞好场地卫生;做好工、量具的保养工作。

●思考练习题

1. 划线有什么作用?

2. 对划线的基本要求是什么?

3. 什么是设计基准? 什么是划线基准?

4. 划线通常要按哪些步骤进行?

●技能训练题

1. 完成如图 3.17 所示工件的平面划线工作。

2. 完成如图 3.18 所示工件的立体划线工作。

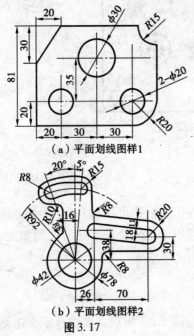

(a) 平面划线图样1

(b) 平面划线图样2

图 3.17

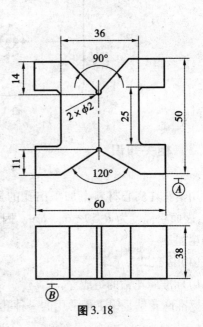

图 3.18

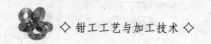

3.2 钻 孔

3.2.1 学习目标

（1）知识目标

明确钻床的种类、用途；掌握标准麻花钻的结构特点。

（2）技能目标

掌握标准麻花钻的刃磨方法和钻孔的操作方法。

3.2.2 任务描述

本次任务是在划好线的工件上钻 6 个 ϕ7 孔（ϕ10 $^{+0.015}_{0}$孔的初加工）和 4 个 ϕ4.2 的螺纹底孔，如图 3.19 所示。

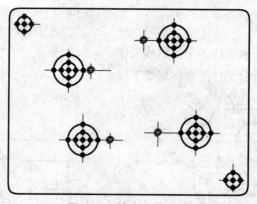

图 3.19 钻孔工件图

3.2.3 相关知识

用钻头在实心材料上加工出孔的操作，称为钻孔。钻孔可达到的尺寸精度为 IT11 ~ IT10，表面粗糙度为 R_a50 ~ 6.3 μm。因此，钻孔一般用于精度要求不高的孔的加工，或作为孔的粗加工。

（1）钻孔工具

1）标准麻花钻的组成

标准麻花钻是钳工最常用的一种孔加工刀具，如图 3.20 所示。通常标准麻花钻用合金工具钢(W18 Cr4V 或 W6Mo5Cr4V2)制成。

①柄部。柄部是标准麻花钻的装夹部分,它与钻床主轴连接而传递动力。一般将直径小于 13 mm 的标准麻花钻制成直柄,直径大于 13 mm 的标准麻花钻制成锥柄。锥柄的扁尾部分便于装拆标准麻花钻。锥柄钻头的柄部采用莫氏锥度,共有莫氏 1 ~ 6 号。钻头直径越大,锥柄号也越大。

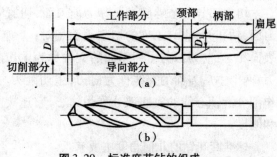

图 3.20　标准麻花钻的组成

②颈部。颈部是磨制标准麻花钻时,供砂轮退刀用的。在颈部标有标准麻花钻的规格、材料和商标。

③工作部分。由导向部分和切削部分组成。导向部分由两条螺旋槽和刃带组成,钻削时起着引导标准麻花钻方向的作用,也是切削部分的后备部分;螺旋槽还起着排屑和输送冷却液的通道作用;标准麻花钻的刃带直径略有倒锥(一般倒锥量为 0.03 ~ 0.12 mm/100 mm),这样的刃带既有导向、修光孔壁的作用,又可以减少钻头与孔壁的摩擦。

2)标准麻花钻的切削角度及作用

标准麻花钻的切削部分由"六面五刃,两尖一心"构成,如图 3.21(a)所示。

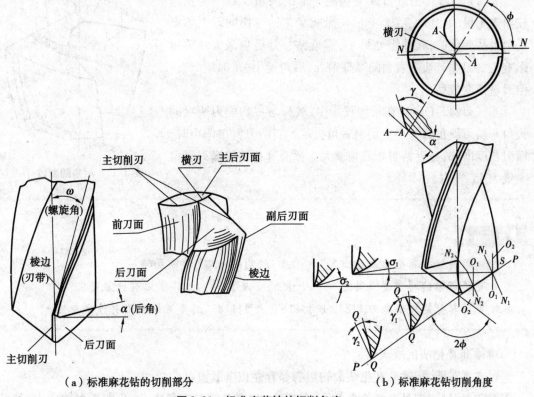

（a）标准麻花钻的切削部分　　　　　（b）标准麻花钻切削角度

图 3.21　标准麻花钻的切削角度

切削部分两个螺旋表面称为前刀面,切屑沿此面流出;切削部分顶端两曲面称为主后刀面,钻孔时,它与工件的切削表面相对;切削部分两刃带表面称为副后刀面,它与已加工表面相对;前刀面与主后刀面的交线称为主切削刃;前刀面与副后刀面的交线称为副切削刃;两个主后刀面的交线称为横刃;主切削刃与副切削刃的交点称为刀尖;标准麻花钻工作部分沿轴心线的实心部分称为钻心,它连接两个螺旋形刃瓣,以保持标准麻花钻的强度和刚度。

标准麻花钻的几何角度主要有:

①顶角(2ϕ)。钻头两主切削刃在其平行平面内投影的夹角,如图 3.21(b)所示。标准麻花钻的顶角为 118°±2°,顶角为 118°时,两条主切削刃呈直线;顶角大于 118°时,两条主切削刃呈凹形曲线;顶角小于 118°时,两条主切削刃呈现凸形曲线。

顶角的大小影响钻削性能。顶角小,轴向抗力小,刀尖角大,有利于刀尖散热和提高耐用度,并减小孔的表面粗糙度值。但切屑易卷曲,使切屑排出困难。

②前角(γ)。前刀面与基面的夹角。标准麻花钻主切削刃上各点前角是变化的。其外缘处最大,自外缘向中心减小,在钻心至 $D/3$ 范围内为负值,接近横刃处的前角约为 −30°。前角越大,刃口越锋利,切削力越小,但刃口越易磨损,刃口强度越低。

③后角(α)。主后刀面与切削平面的夹角。后角是在圆柱面内测量的,如图 3.22 所示。标准麻花钻主切削刃上各点后角也是变化的,其外缘处最小,靠近钻心处后角最大。后角影响主后刀面与切削表面的摩擦情况,后角越小,摩擦越严重,但刃口强度较高。

④横刃斜角(ψ)。在端面投影中,横刃与主切削刃所夹的锐角。横刃斜角的大小主要由后角决定。当横刃斜角偏小时,横刃长度增加,靠近钻心处后角偏大。标准麻花钻的横刃斜角一般为 55°左右。

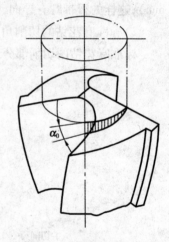

图 3.22 后角的测量

 想一想

1. 你能在标准麻花钻上指出其"六面五刃、两尖一心"的位置吗?
2. 观察麻花钻的横刃斜角为 55°,小于 55°,大于 55°时,其横刃有什么变化?
3. 观察麻花钻的顶角为 118°,小于 118°,大于 118°时,其主切削刃有什么变化?

3)标准麻花钻头的缺点
通过实践证明,标准麻花钻头的切削部分存在以下缺点:

①横刃较长,横刃处前角为负值,在切削中,横刃处于挤刮状态,产生很大轴向力,使钻头容易发生抖动,导致不易定心。

②主切削刃上各点的前角大小不一样,致使各点切削性能不同。由于靠近钻心处的前角是负值,切削为挤刮状态,切削性能差,产生热量大,磨损严重。

③钻头棱边处的副后角为零,靠近切削部分的棱边与孔壁的摩擦比较严重,容易发热和磨损。

④主切削刃外缘处的刀尖角较小,前角很大,刀齿薄弱,而此处的切削速度却最高,故产生的切削热量多,磨损极为严重。

⑤主切削刃长,而且全宽参加切削。各点切屑流出速度的大小和方向都相差很大,会增大切屑变形,使切屑卷曲成很宽的螺旋卷,容易堵塞容屑槽,故排屑困难。

想一想

1. 你能说明麻花钻外缘处变蓝的原因吗?

2. 用修磨过横刃和没修磨过横刃的麻花钻分别钻孔,有何感受?

4)标准麻花钻头的修磨

在钻头使用过程中,要把磨钝了或损坏了的切削部分刃磨成正确的几何形状;或当工件材料变化时,钻头的切削角度需要刃磨改变。一般是按钻孔的具体要求,在如表3.7所示的几个方面有选择地对钻头进行修磨。

表3.7　标准麻花钻头的修磨

钻头刃磨	钻头刃磨要求	图　示
标准麻花钻	磨钻头时,要将主切削刃置于水平状态,大致在砂轮的中心平面上进行刃磨,钻头轴心线与砂轮圆柱面母线在水平面内的夹角,等于钻头顶角的一半。刃磨时,右手握住钻头的前端作为定位支点,并缓慢地绕其轴线转动,适当施加刃磨压力;左手握住钻头的柄部,配合右手缓慢地做上下摆动。钻头绕其轴线转动的目的是使整个钻头后刀面都能磨到;上下摆动的目的是为了磨出规定的后角。由于钻头的后角在钻头的不同半径处是不相等的,故摆动角度的大小要随后角的大小而变化。刃磨时,两手的动作必须协调。	

续表

钻头修磨	修磨要求及效果	图　示
磨短横刃并增大靠近钻心处的前角	这是最基本的修磨方式。修磨后横刃的长度 b 为原来的 $1/5 \sim 1/3$，以减小轴向抗力和挤刮现象，提高钻头的定心作用和切削的稳定性。同时，在靠近钻心处形成内刃，内刃斜角 $\gamma = 20° \sim 30°$，内刃处前角 $\gamma_\tau = 0° \sim -15°$，切削性能得以改善。一般直径在 5 mm 以上的麻花钻均须修磨横刃。	
修磨主切削刃	主要是磨出第二顶角 $2\phi_0(70° \sim 75°)$。在麻花钻外缘处磨出过渡刃 $(f_0 = 0.2D)$，以增大外缘处的刃尖角，改善散热条件，增加刀齿强度，提高切削刃与棱边交角处的耐磨性，延长钻头寿命，减少孔壁的残留面积，有利于减小孔的粗糙度。	
修磨棱边	在靠近主切削刃的一段棱边上，磨出副后角 $\alpha_{01} = 6° \sim 8°$，并保留棱边宽度为原来的 $1/3 \sim 1/2$，以减少对孔壁的摩擦，延长钻头寿命。	
修磨前刀面	修磨外缘处前刀面，可以减小此处的前角，提高刀齿的强度，钻削黄铜时，可以避免"扎刀"现象。	

续表

钻头修磨	修磨要求及效果	图　示
修磨分屑槽	在后刀面或前刀面上磨出几条相互错开的分屑槽,使切屑变窄,以利排屑。直径大于 15 mm 的钻头都可磨出分屑槽。	后刀面上磨分屑槽 前刀面上磨分屑槽

想一想

比比看谁能根据实际要求正确地修磨麻花钻。

(2)钻孔基本操作

1)钻削用量及选择

钻削用量包括切削深度、进给量和切削速度。

①切削深度(a_p)。已加工表面到待加工表面的垂直距离。钻削时切削深度等于钻头直径的一半,单位是 mm。

②进给量(f)。主轴旋转一周,钻头沿主轴轴线移动的距离。单位是 mm/r。

③切削速度(v)。钻孔时,钻头最外缘处的线速度。单位是 m/min。

$$v = \frac{\pi dn}{1\ 000}$$

式中　n——钻床主轴转速,r/min;

　　　d——钻头直径,mm。

钻削用量选择:

①选择原则。钻孔时,由于切削深度已由钻头直径所定,所以只需选择切削速度和进给量。在允许范围内,尽量先选较大的进给量 f;当 f 受到表面粗糙度和钻头刚度的限制时,再考虑较大的切削速度 v。

②选择方法

a. 切削深度的选择。直径小于 30 mm 的孔一次钻出;直径为 30~80 mm 的孔可分为两次钻削,先用(0.5~0.7)D(D 为要求的孔径)的钻头钻底孔,然后用直径为 D 的钻头将孔扩大。这样可以减小切削深度及轴向力,保护机床,同时提高钻孔质量。

b.进给量的选择。当孔的尺寸精度、表面粗糙度要求较高时,应选择较小的进给量;当钻小孔、深孔时,钻头细而长,强度低,刚度差,钻头容易扭断,应该选择较小的进给量。

c.钻削速度的选择。当钻头的直径和进给量确定后,钻削速度应按照钻头的寿命选取合理的数值,一般根据经验选取。孔深较大时,应选取较小的进给量。

在具体选择钻削用量时,应根据钻头直径、钻头材料、工件材料、加工精度及表面粗糙度等方面的要求,查钻削用量表选取。

2)冷却润滑液

为使钻头散热冷却,减少钻削时钻头与工件、切屑间的摩擦,消除黏附在钻头和工件表面上的积屑瘤,降低切削抗力,提高钻头寿命和改善加工孔的表面质量。钻孔时要加注足够的切削液。钻各种材料选用的切削液见表3.8。

表3.8 各种材料选用的切削液

工件材料	切削液
各类结构钢	3% ~5%乳化液;7%硫化乳化液。
不锈钢、耐热钢	3%肥皂加2%亚麻油水溶液;硫化切削油。
紫铜、黄铜、青铜	不用;5% ~8%乳化液。
铸铁	不用;5% ~8%乳化液;煤油。
铝合金	不用;5% ~8%乳化液;煤油;煤油与菜油的混合油。
有机玻璃	5% ~8%乳化液;煤油。

3)钻孔操作步骤

①工件的划线。按照图样的要求划出孔位的十字中心线;若孔较大,还应划出检查圆或检查方框,如图3.23所示。检查划线无误后,打上中心样冲眼。要求样冲眼要小,样冲眼中心要与十字交点重合。

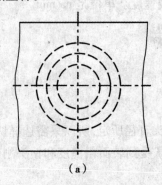 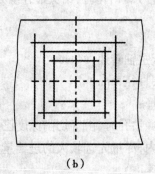

（a） （b）

图3.23 工件的划线

②工件的装夹。为保证钻孔的质量和安全,钻孔时,应根据工件的不同形状及钻削力的大小等,采用不同的装夹方法。常用的装夹方法,如图3.24所示。

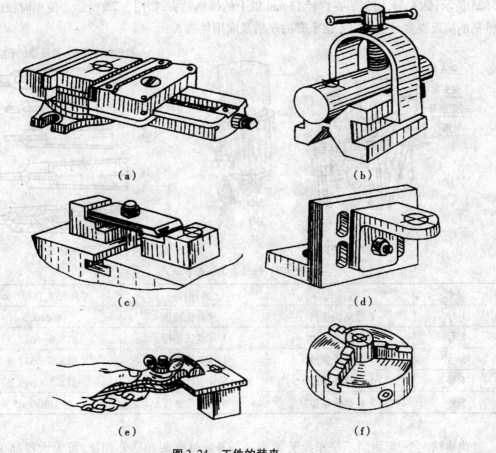

图 3.24　工件的装夹

a.平口钳装夹。一般可满足小型工件的夹持。钻通孔时,应在工件下面垫上垫铁,以防钻坏平口钳。钻孔直径大于 8 mm 时,需用螺钉或压板将平口钳固定在工作台上,如图 3.24(a)所示。

b.V 形铁装夹。圆柱形工件上钻孔时可用 V 形铁装夹,如图 3.24(b)所示。当钻孔直径大于 10 mm 时,要用压板压紧工件。钻孔前用角尺对工件进行找正,如图 3.24(c)所示。

c.压板垫铁装夹。对异形工件、较大的工件及钻大孔时的工件,应将工件用螺栓压在工作台上,压紧螺栓尽量靠近工件,垫铁高度应比工件稍高,保证压板对工件有较大的压紧力,如图 3.24(c)所示。

d.角铁装夹。加工基准面在侧面的异形工件,可用角铁装夹,角铁需用螺栓紧固在工作台上,如图 3.24(d)所示。

e.手虎钳装夹。加工小工件或在薄板上钻孔时,可用手虎钳夹持进行操作。此时用手虎钳夹持垫木垫在工件下面,如图 3.24(e)所示。

f.三爪卡盘装夹。在圆柱形工件端面钻孔时,可用三爪卡盘装夹工件,如图 3.24(f)所示。

③钻头的装拆。

a.钻头夹具。钻头夹具有钻夹头,用于装夹直径 13 mm 以下的直柄钻头,其结构如图

3.25 所示;钻头套,用于装夹直径 13 mm 以上的锥柄钻头,如图 3.26 所示。使用时根据钻头锥柄的莫氏锥度号数选用。钻头套的规格及应用见表 3.9。

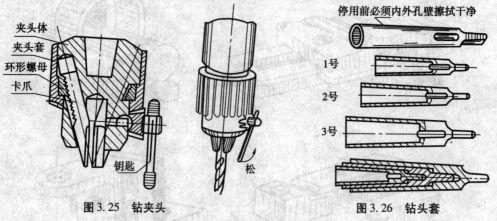

图 3.25　钻夹头　　　　　　　　　　　　　　　图 3.26　钻头套

表 3.9　钻头套的规格及应用

钻套	内锥孔	外圆锥	适用钻头直径/ mm
1 号	1 号莫氏锥度	2 号莫氏锥度	≤ϕ15.5
2 号	2 号莫氏锥度	3 号莫氏锥度	ϕ15.6 ~ ϕ23.5
3 号	3 号莫氏锥度	4 号莫氏锥度	ϕ23.6 ~ ϕ32.5
4 号	4 号莫氏锥度	5 号莫氏锥度	ϕ32.5 ~ ϕ49.5
5 号	5 号莫氏锥度	6 号莫氏锥度	ϕ49.5 ~ ϕ65

快换钻夹头,可做到不停车换装钻头。与普通钻夹头和钻套相比,可大大提高生产效率。尤其适合在工件的同一位置进行钻、扩、锪、铰孔和攻丝的场合。快换钻夹头的结构,如图 3.27 所示。

b. 钻头的装拆。

直柄钻头的装拆。直柄钻头用钻夹头夹持,如图 3.28(a)所示。先将钻头柄部装入钻夹头的三爪内,其夹持长度大于 15 mm,然后用钻夹头钥匙旋转外套,使环形螺母带动三爪移动,使钻头被夹紧或松开。

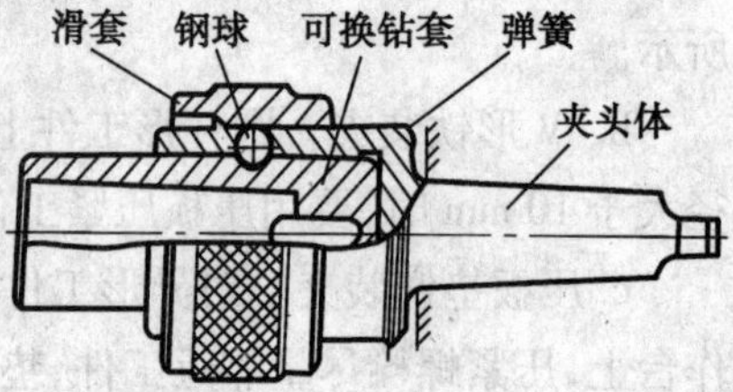

锥柄钻头的装拆。钻头锥柄与主轴锥孔锥度号相同时,可直接将钻头装在钻床主轴上。当钻头锥柄与主轴锥孔锥度号不一致时,应选择适当的钻套,然后将钻套与钻头一并与主轴连接。装好后,在钻头下端放一垫铁,用力下压进给手柄,将钻头装紧,如图 3.28(b)所示。拆卸时,用正规楔铁插入钻套扁孔中,用手锤锤击楔铁尾部,取下钻头,如图 3.28(c)所示。

图 3.27　快换钻夹头

④试钻。首先将钻头对准中心样冲眼,钻一浅窝,观察钻孔位置是否正确。若浅窝与孔圆周线不同心,应及时借正,借正方法,如图 3.29 所示。借正工作必须在试钻浅窝没达到钻孔直径前完成。

 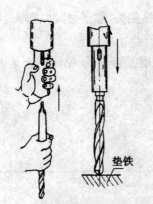 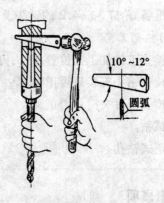

（a）直柄钻头装拆　　　　（b）锥柄钻头安装　　　　（c）锥柄钻头拆卸

图 3.28　钻头装拆

4）提高钻孔质量的方法

钻孔时影响钻孔质量的因素很多，如钻孔前的划线，钻头的刃磨，工件的夹持，钻削时的切削用量的选择，试钻以及一些具体操作方法，都将对钻孔质量产生影响，甚至造成废品。因此，要保证或提高钻孔质量，就必需做到以下几点：

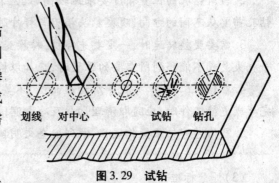
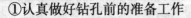

划线　对中心　　　试钻　钻孔

图 3.29　试钻

①认真做好钻孔前的准备工作

a.根据工件的钻孔要求，在工件上正确划线，检查后打样冲眼，孔中心的样冲眼要打得大一些，深一点。

b.按工件形状和钻孔的精度要求，采用合适的夹持方法，使工件在钻削的过程中，保持一个正确的位置。

c.正确刃磨钻头，按材料的性质决定顶角的大小，并可根据具体情况，对钻头进行修磨，改进钻头的切削性能。

②掌握正确的钻削方法

a.按照选择切削用量的基本原则，合理选择切削用量。

b.钻孔时先进行试钻，发现钻孔中心偏移，用借正的方法借正后再正式钻孔，孔将钻穿时要减少进给量。

c.根据不同工件材料，正确选用切削液。

3.2.4　工件钻孔加工工艺及评分标准

(1)准备工作

①仔细比照加工图纸要求和工件上的加工线，对本次加工的孔的位置和尺寸要求应心中有数。

②准备好 $\phi7$ 和 $\phi4.2$ 的钻头及钻夹头、錾子、样冲、榔头、毛刷、冷却润滑液等。

（2）钻孔工艺

①检查工件加工孔位置、钻头刃磨是否正确,钻床转速是否合理。

②检查钻头安装是否正确。

③检查工件夹持是否正确。

④试钻。

⑤正式钻孔。

⚠ **注意事项**

1. 工件在装夹过程中,应仔细校正,保持钻孔中心线与钻床的工作台面垂直。

2. 当所钻孔的位置精度要求比较高时,应在每个孔缘划参考线,以检查钻孔是否偏斜。钻孔前要从不同的方向,观察钻头横刃与样冲眼的对正情况。

3. 需要变换转速时,一定要先停机,转换变速手柄时,应切实放到规定的位置上,如发现手柄失灵或不能移到所需的位置时,应加以检查调整,不得强行扳动。

4. 在钻床工作台、导轨等滑动表面上,不要乱放物件或撞击,以免影响钻床精度。工作完毕或更换工件时,应随即清理切屑及冷却润滑液。

5. 严格遵守钻床操作规程,做到安全文明操作。

（3）评分标准

表3.10为钻孔评分标准。

表3.10　钻孔评分标准

学号			姓名		总得分	
序号	质量检查内容	配分		评分标准	自我评分	教师评分
1	$2\times\phi10$（2处）	12		一处不合格扣6分		
2	$4\times\phi10$（4处）	24		一处不合格扣6分		
3	$4\times\phi4.2$（4处）	20		一处不合格扣5分		
4	$4\times\phi10$ 与 $4\times\phi4.2$ 孔心尺寸（4处）	24		一处不合格扣6分		
5	表面粗糙度 $R_a6.3$（10处）	20		一处不合理扣2分		
6	安全文明生产			酌情扣分		

注:各项扣分扣完为止,不倒扣分。孔心距公差按 ±0.15 mm 要求。

（4）钻孔时常见的废品形式及产生原因

表3.11为钻孔时常见的废品形式及产生原因。

表 3.11 钻孔时常见的废品形式及产生原因

废品形式	产生原因
孔径大于规定尺寸	1. 钻头两主切削刃长短不等,高度不一致。 2. 钻头主轴跳动或工作台没锁紧。 3. 钻头弯曲或钻头没装夹好,引起跳动。
孔呈多棱形	1. 钻头后角太大。 2. 钻头两主切削刃长短不等,角度不对称。
孔位置偏移	1. 工件划线不正确或装夹不正确。 2. 样冲眼中心不准。 3. 钻头横刃太长,定心不稳。 4. 起钻过偏没有及时纠正。
孔壁粗糙	1. 钻头不锋利。 2. 进给量太大。 3. 切削液性能差或供给不足。 4. 切屑堵塞螺旋槽。
孔歪斜	1. 钻头与工件表面不垂直,钻床主轴与工作台面不垂直。 2. 进给量过大,造成钻头弯曲。 3. 工件安装时,安装接触面上的切屑等污物没及时清除。 4. 工件装夹不牢,钻孔时产生歪斜或工件有砂眼。
钻头工作部分折断	1. 钻头已钝还继续钻孔。 2. 进给量太大。 3. 没经常退屑,使切屑在钻头螺旋槽中堵塞。 4. 孔刚钻穿时没减小进给量。 5. 工件没夹紧,钻孔时有松动。 6. 钻黄铜等软金属及薄板料时,钻头没修磨。 7. 孔已钻歪还继续钻孔。
切削刃迅速磨损	1. 切削速度太高。 2. 钻头几何角度的刃磨与工件材料硬度不符。 3. 工件有硬块或砂眼。 4. 进给量太大。 5. 切削液输入不足。

 想一想

1. 钻出孔的直径大于规定尺寸的原因有哪些?
2. 钻出孔位置偏移的原因有哪些?

●自我总结与点评

1. 自我评分,自我总结安全操作、文明生产情况;老师点评。

2. 操作完毕,整理工作位置;清理干净钻床;整理好工、量具;搞好场地卫生;做好工、量具的保养工作。

●思考练习题

1. 什么叫钻孔?

2. 麻花钻有哪些结构和角度?

3. 在钻削加工中,顶角、前角、后角的变化对切削性能有哪些影响?

4. 钻削用量包括哪些参数?

5. 标准麻花钻的刃磨有哪些要求?

●技能训练题

按图 3.19 进行钻孔加工技能训练。

3.3 扩孔、锪孔

3.3.1 学习目标

(1)知识目标

明确扩孔钻、锪孔钻的结构及使用方法。

(2)技能目标

掌握扩孔、锪孔的操作方法。

3.3.2 任务描述

本次任务是将 6 个 $\phi7$ mm 孔扩大为 $\phi9.8$ mm,并锪出 4 个深度为 3 mm 的 $\phi20$ mm 沉孔,并对 $\phi9.8$ mm、$\phi4.2$ mm 孔口倒角,如图 3.30 所示。

3.3.3 相关知识

(1)扩孔

1)概述

用扩孔钻或标准麻花钻将已加工孔扩大的操作,称为扩孔。扩孔的加工精度比钻孔高,尺寸精度可达 IT10 ~ IT9,表面粗糙度可达 R_a12.5 ~ 3.2 μm。

2)扩孔钻及特点

①用标准麻花钻扩孔。标准麻花钻横刃不参加切削,轴向力小,进给省力。但钻头外缘处前角较大,易出现扎刀现象。因此,应将标准麻花钻外缘处前角适当修磨得小一些,并适当控制进给量。

②用扩孔钻扩孔。扩孔钻如图 3.31 所示,其主要特点是:

a.齿数较多,导向性好,切削平稳。

b.切削刃不必由外缘一直到中心,没有横刃,可避免横刃对切削的不良影响。

c.钻心粗、刚性好,可选择较大的切削用量。

用扩孔钻扩孔,生产效率高,常作为孔的半精加工及铰孔前的预加工。

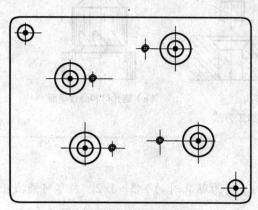

图 3.30　扩孔、锪孔工件图

图 3.31　扩孔钻

3)扩孔切削用量

①扩孔前钻孔直径的确定。用标准麻花钻扩孔。扩孔前钻孔直径为 0.5 ~ 0.7 倍的要求孔径;用扩孔钻扩孔,扩孔前钻孔直径为 0.9 倍的要求孔径。

②扩孔的切削速度为钻孔的 1/2。

③扩孔的进给量为钻孔的 1.5 ~ 2 倍。

⚠ **注意事项**

1.单件、小批量生产时常用标准麻花钻代替扩孔钻。用标准麻花钻扩孔时,由于钻头横刃不参加切削,轴向抗力小,应减小钻头后角,防止扩孔时扎刀。

2.钻孔后应保持工件位置不变进行扩孔加工,以保证加工质量。

(2)锪孔

1)概述

用锪钻加工孔口形面或表面的操作,称为锪孔。常用于锪圆柱形埋头孔、圆锥形埋头孔和孔口凸台平面的加工。在单件、小批量生产中常用标准麻花钻刃磨成锪钻使用。

2)锪孔加工方法

①柱形锪钻。主要用于锪圆柱形埋头孔,如图3.32(a)所示。

②锥形锪钻。锥形锪钻有60°、75°、90°、120°等几种。主要用于锪埋头铆钉孔和埋头螺钉孔,如图3.32(b)所示。

③端面锪钻。主要用来锪平孔口端面,也可用来锪平凸平面,如图3.32(c)所示。

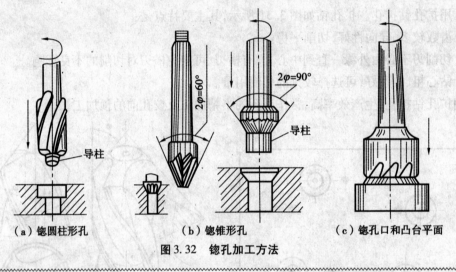

(a)锪圆柱形孔　　　　　(b)锪锥形孔　　　　　(c)锪孔口和凸台平面

图3.32　锪孔加工方法

⚠ 注意事项

1.锪孔时,进给量是钻孔时的2~3倍,切削速度为钻孔时的1/3~1/2。应尽可能减小振动,以获得较小的表面粗糙度值。

2.若用标准麻花钻锪孔,应尽量选择较短的钻头,并修磨外缘处前刀面,以免出现扎刀。同时应磨出较小的后角,防止锪出多边形表面。

3.锪钢材料工件时,应加注切削液冷却润滑。

想一想

1.扩孔与锪孔的区别在何处?

2.如何将标准麻花钻刃磨成平底锪钻?

3.3.4　工件扩孔、锪孔加工工艺及评分标准

(1)准备工作

①仔细对照加工图要求和工件上的加工线,对扩孔、锪孔的加工位置心中有数。

②准备φ5 mm以上的锥形锪钻,或用标准麻花钻改磨成锥形锪钻。

③准备φ9.8 mm扩孔钻,或用标准麻花钻改磨成扩孔钻;准备φ20 mm柱形锪孔钻,或

用标准麻花钻改磨成柱形锪孔钻。

④准备所需工量具、毛刷、冷却润滑液等。

（2）扩孔、锪孔加工工艺

①用旧标准麻花钻练习刃磨扩孔钻；120°锥形锪钻和平底锪钻。

②用 ϕ9.8 mm 标准麻花钻将 6 个 ϕ7 mm 孔扩大到 ϕ9.8 mm。

③用 ϕ5 以上的 120°锥形锪钻对 ϕ9.8 mm、ϕ4.2 mm 孔两端进行孔口倒角（有锪孔处只单面倒角）。

④用 ϕ20 mm 平底锪钻锪出 4 个 ϕ20 mm 深 3 mm 的沉孔。

（3）评分标准

表3.12 为扩孔、锪孔评分标准。

表3.12　扩孔、锪孔评分标准

学号			姓名		总得分	
序号	质量检查内容	配分	评分标准		自我评分	教师评分
1	扩孔钻刃磨	18	总体评分			
2	锪孔钻的刃磨	20	总体评分			
3	扩孔表面质量（6 处）	18	一处不合格扣3 分			
4	锪孔表面质量（4 处）	12	一处不合格扣3 分			
5	沉孔深度尺寸（4 处）	16	一处不合理扣4 分			
6	孔口倒角质量（16 处）	16	一处不合理扣1 分			
7	安全文明生产		酌情扣分			

注：各项扣分扣完为止，不倒扣分。

想一想

锪孔时出现扎刀和振动的原因有哪些？

 ●自我总结与点评

1.自我评分，自我总结安全操作、文明生产情况；老师点评。

2.操作完毕，整理工作位置；清理干净钻床；整理好工、量具；搞好场地卫生；做好工、量具保养工作。

●思考练习题

1.扩孔钻与标准麻花钻在结构上有哪些不同？

2.扩孔时，切削用量与钻孔时有何区别？

3. 锪孔钻的种类有哪些？其主要加工对象是什么？

4. 锪孔时切削用量与钻孔时有何区别？

● **技能训练题**

按图 3.28 进行扩孔、锪孔技能训练。

3.4 铰 孔

3.4.1 学习目标

(1)知识目标

明确铰刀的结构及使用方法。

(2)技能目标

掌握铰孔的操作方法。

3.4.2 任务概述

本次任务是将 6 个 $\phi 9.8$ mm 孔铰削为 $\phi 10H7$ 孔，并达到加工要求，如图 3.33 所示。

3.4.3 相关知识

(1)概述

用铰刀对已加工孔进行精加工的操作称为铰孔。铰孔可达到的尺寸精度为 IT9 ~ IT7，表面粗糙度为 $R_a 1.6$ μm。因此，铰孔属于钳工孔加工中的精加工方法之一。

(2)铰削工具

1)铰刀的种类

铰刀按使用方法不同可分为手用铰刀和

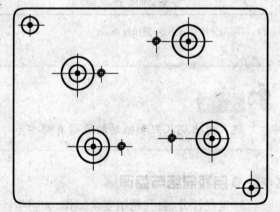

图 3.33 铰孔工件图

机用铰刀，如图 3.34 所示。铰刀按切削部分材料不同，分为高速钢和硬质合金两种铰刀。机用铰刀也有锥柄和直柄两种，铰刀按外部形状又分为直槽铰刀、锥铰刀（图 3.35）和螺旋槽铰刀（图 3.36）。螺旋槽铰刀特别适用于铰削带有键槽的内孔。

2)铰刀的组成

铰刀由柄部、颈部和工作部分组成，如图 3.35 所示。柄部起被夹持和传递扭矩的作用。柄部

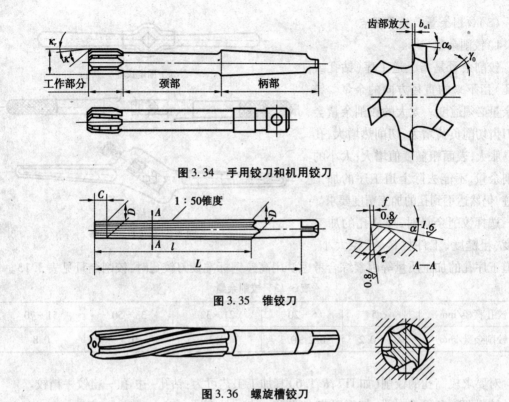

图 3.34 手用铰刀和机用铰刀

图 3.35 锥铰刀

图 3.36 螺旋槽铰刀

形状有锥、直和方榫形 3 种。工作部分由切削部分和校准部分组成。切削部分的前端是引导部分,起引导铰刀进入孔内的作用。一般手铰刀导向角 $\kappa = 1°30'$ 左右,机用铰刀导向角 $\kappa = 45°$。切削部分承担去除铰孔余量的工作。一般情况下铰刀前角为 $0°$,后角为 $6° \sim 8°$,主偏角 $\kappa_r = 12° \sim 15°$。校准部分的作用是导向、修光孔壁和确定孔径大小。为减小与孔壁的摩擦和孔径扩张量,一方面在刀齿上留出 $0.1 \sim 0.3$ mm 的刃带;另一方面将校准部分直径做成倒锥形。

标准铰刀按直径公差分为 1、2、3 号,直径尺寸一般留有 $0.05 \sim 0.02$ mm 的研磨量。因此,铰刀直径需经研磨后,才能铰削出高精度的孔。

铰刀的刀齿数一般为 $4 \sim 8$ 齿,为测量方便,多采用偶数齿。对于手用铰刀,采用不均匀分布刀齿,以减小振痕,有利于提高铰孔的质量。

3)铰杠

铰杠是扳转手用铰刀的工具,如图 3.37 所示。

 想一想

1. 怎样区分手用和机用铰刀?

2. 新铰刀可以加工出高精度的孔吗? 为什么?

3. 手用铰刀采用均匀分布的刀齿,对孔加工质量有什么影响?

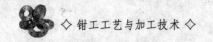

（3）铰削余量及操作要点

1）铰削余量

铰削余量是指上道工序（钻孔或扩孔）留下来的直径方向的余量。铰削余量必须适度。太大的铰削余量会使刀齿切削负荷增大，切削热增大，孔径易胀大，表面粗糙度值增大；太小的铰削余量，不能去除上道工序的加工痕迹，仍然达不到孔的加工精度要求。

选择铰削余量时，应从孔的加工精度、粗糙度、工件材料、孔径大小、上道工序孔的加工质量等因素综合考虑。用高速钢标准铰刀铰孔时，铰削余量见表 3.13。

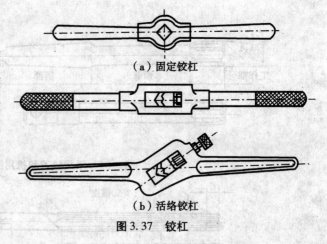

（a）固定铰杠

（b）活络铰杠

图 3.37　铰杠

表 3.13　铰削余量

铰孔直径/mm	< 5	5 ~ 20	21 ~ 32	33 ~ 50	51 ~ 70
铰削余量/mm	0.1 ~ 0.2	0.2 ~ 0.3	0.3	0.5	0.8

对要求较高孔的铰削（如 IT7，R_a1.6）其加工工艺可为：钻孔—扩孔—粗铰—精铰。

铰削 IT9，R_a 3.2 的孔，加工工艺为：钻孔—扩孔—铰孔。

2）铰孔时的冷却润滑

铰孔时加冷却润滑液的目的是：冲掉切屑、散热和润滑。铰孔的冷却润滑液有乳化液、切削油等。铰孔时加注乳化液，铰出的孔径略小于铰刀尺寸，且表面粗糙度值较小；铰孔时加注切削油，铰出的孔径略大于铰刀尺寸，且表面粗糙度值较大；铰孔时不加冷却润滑液，铰出的孔径最大，且表面粗糙度值最大。

3）铰孔操作要点

在手工铰孔起铰时，可用右手通过铰孔轴线施加进刀压力，左手转动。正常铰削时，两手用力要均匀、平稳地旋转，同时适当加压，使铰刀均匀地进给，保证铰刀正确引进和获得较小的表面粗糙度，并避免孔口成喇叭形或孔径扩大。

3.4.4　工件铰削加工工艺及评分标准

（1）准备工作

①仔细对照加工图纸和毛坯，对要铰削的表面心中有数。

②准备好 ϕ10h7 的圆柱直铰刀、铰杠、冷却润滑液及测量工具。

（2）铰孔工艺

1）起铰

用右手抓住绞杠中部，把铰刀对准孔，尽量使铰刀与孔同轴。向下施加一定压力，同时与左手配合旋转铰杠,铰2~3圈后,进入正常铰削。

2)进铰

两手用力均匀、平衡,保持铰刀与孔同轴,不得有侧向用力,同时适当加压,使铰刀均匀进给。

3)退刀

铰削完成后,仍按相同方向旋转铰刀,同时慢慢用力向上抬铰杠,退出铰刀。

⚠ **注意事项**

1.铰刀铰孔或退出铰刀时,严禁铰刀反转,以防刃口磨钝及切屑嵌入刀具后面与孔壁间,将孔划伤。

2.要注意变换铰刀的停歇位置,以消除铰刀常在同一位置停歇造成的振痕。

3.铰削锥孔时,要经常用相配的锥销检查铰孔尺寸,当锥销自由插入其全长的80%~85%时,应停止铰孔。

4.铰削过程中要经常消除粘在铰刀齿上的积屑,若铰刀被卡住,不要用力扳转铰手,以防铰刀折断。应设法将铰刀取出,消除切屑。如有轻微磨损或崩刃,可用油石修研,然后加切削液缓慢进给铰削。

(3)评分标准

表3.14为铰孔评分标准。

表3.14　铰孔评分标准

学号			姓名		总得分	
序号	质量检查内容	配分		评分标准	自我评分	教师评分
1	2×ϕ10(2处)	20		一处不合格扣10分		
2	4×ϕ10(4处)	40		一处不合格扣10分		
3	孔表面粗糙度(6处)	30		一处不合理扣5分		
4	铰孔方法正确	10		总体评分		
5	安全文明生产			酌情扣分		

注:各项扣分扣完为止,不倒扣分。

(4)铰孔时铰刀损坏的原因及废品分析

1)铰刀损坏的原因

铰削时,铰削用量选择不合理,操作不当等,都会引起铰刀过早地损坏。具体损坏形式见表3.15。

表 3.15　铰刀损坏原因

损坏形式	损坏原因
过早磨损	1. 切削刃表面粗糙。耐磨性降低。 2. 切削液选择不当。 3. 工件材料硬。
崩刃	1. 前、后角太大,切削刃强度变差。 2. 铰刀偏摆过大,切削刃负荷不均匀。 3. 铰刀退出时反转,切屑嵌入切削刃与孔壁之间。
折断	1. 铰削用量太大,工件材料硬。 2. 铰刀被卡住后仍继续扳转。 3. 进给量太大。 4. 两手用量不均匀或铰刀轴心线与孔的轴心线不重合。

2) 铰孔时常见废品形式及产生原因

铰孔时,若铰刀质量不好,铰削用量选择不当,切削液使用不当,操作疏忽,等等,都会产生废品,具体情况见表 3.16。

表 3.16　铰孔时常见废品形式及产生原因

废品形式	产生原因
表面粗糙度达不到要求	1. 铰刀刃口不锋利或有崩齿,铰刀切削部分和校准部分粗糙。 2. 切削刃上粘有积屑瘤,或容屑槽内切屑黏结过多没清除。 3. 铰削余量太大或太小,铰刀退出时反转。 4. 切削液不充分或选择不当。 5. 手铰时,铰刀旋转不平稳。
孔径扩大	1. 手铰时,铰刀旋转不平稳;机铰时,铰刀轴心线与工件轴心线不重合。 2. 铰刀没研磨;直径不符合要求。 3. 进给量和铰削余量太大。 4. 切削速度太高,使铰刀温度上升,直径增大。
孔径缩小	1. 铰刀磨损后,尺寸变小继续使用。 2. 铰削余量太大,使孔弹性复原导致孔径缩小。 3. 铰铸铁件时加了煤油。
孔呈多棱形	1. 铰削余量太大和铰刀切削刃不锋利,产生振动而成多棱形。 2. 钻孔不圆使铰刀产生弹跳。 3. 机铰时,钻床主轴跳动量太大。
孔轴线不直	1. 预钻孔孔壁不直,铰削时没能使原有弯曲度得到纠正。 2. 铰刀主偏角太大,导向不良,使铰削方向发生偏歪。 3. 手铰时两手用力不匀。

想一想

1.铰孔后孔壁表面粗糙度值超差的原因有哪些?

2.铰孔后孔径变大的原因有哪些?

●自我总结与点评

1.自我评分,自我总结安全操作、文明生产情况;老师点评。

2.操作完毕,整理工作位置;清理干净钳台;整理好工、量具;搞好场地卫生;做好工、量具保养工作。

●思考练习题

1.铰刀有哪些种类?

2.铰削余量为什么不宜太大或太小?

3.为什么要对铰刀进行研磨?

4.铰孔时的操作要领有哪些?

●技能训练题

按图3.33进行铰孔技能训练。

3.5 螺纹加工

3.5.1 学习目标

(1)知识目标

掌握攻丝前螺纹底孔直径和套丝前圆杆直径的确定方法。

(2)技能目标

掌握攻丝、套丝的基本技能和操作方法。

3.5.2 任务描述

本次任务是在 4 个 $\phi4.2$ mm 孔中用丝锥加工出 M5 的螺纹孔,并达到加工要求,如图3.38所示。

3.5.3　相关知识

（1）概述

螺纹加工包括内螺纹和外螺纹加工。用丝锥在孔中切削出内螺纹，称为攻丝。用板牙在圆杆上切削出外螺纹称为套丝。

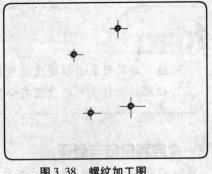

图 3.38　螺纹加工图

（2）加工螺纹用工具

1）丝锥

丝锥是由高速钢、碳素工具钢或合金工具钢，经热处理淬硬而制成的。它由工作部分和柄部组成，如图 3.39 所示。

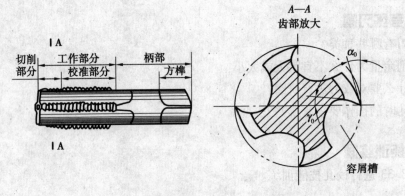

图 3.39　丝锥

①工作部分。由切削部分和校准部分组成，如图 3.39 所示。

a. 切削部分。有锋利的切削刃，主要起切削作用。丝锥前端磨出锥角，为切削时起着良好引导作用，切削也比较省力。在切削部分和校准部分沿轴向有几条直槽，称为容屑槽，主要起排屑作用和便于注入冷却润滑液。容屑槽形成了前角 γ。标准丝锥的前角为 $\gamma = 8° \sim 10°$，后角 $\alpha = 6° \sim 8°$，如图 3.37A—A 所示。

b. 校准部分。主要确定螺纹孔的直径及修光螺纹，是丝锥的备磨部分，后角 $\alpha = 0°$。

②柄部。有方榫，用来传递扭矩。规格标志也刻在柄部。

2）丝锥的种类

根据加工各种不同螺纹的要求，丝锥的种类很多。按加工方法分为手用丝锥，机用丝锥和管子丝锥等几种。按螺纹分为粗牙和细牙两类。

①手用丝锥。为修理钳工常用的切削内螺纹的工具，一般是两支组成一套，分为头锥，二锥，以分担切削量。M6 以下和 M24 以上的丝锥还有 3 支一套的。在成套丝锥中，对每支丝锥的切削量分配有两种方式：锥形分配和柱形分配。一套锥形分配的丝锥中，每支丝锥的大径、中径和小径都相等，只是切削部分的切削角和长度不同。

一套柱形分配的丝锥中，如图 3.40 所示，每支丝锥的大径、中径和小径均不相等，以合

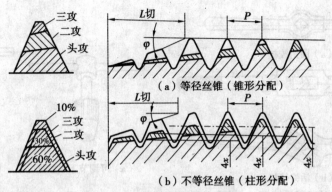

（a）等径丝锥（锥形分配）

（b）不等径丝锥（柱形分配）

图 3.40 丝锥切削用量的分配

理分担切削量。

小直径丝锥，大都采用锥形分配切削量，如图 3.38 所示。较大的丝锥，如 M12 以上的丝锥，则采取柱形分配。因此，攻制较大直径的内螺纹，只有最后一支丝锥通过，才能得到完整的内螺纹。

②机用丝锥。机用丝锥有一支一套，也有两支一套的。切削部分后角大，$\alpha = 10° \sim 12°$，而且定径（修光）部分也有后角，切削轻快。机用丝锥柄部较长，便于装夹在机床上。

③管子丝锥。是在管子接头，法兰盘等零件上攻制螺纹孔用的。管子丝锥有圆柱形和圆锥形两种。圆柱管螺纹丝锥工作部分较短，是两支一套的。圆锥管螺纹丝锥的直径是从头到尾逐渐增大的，而螺纹牙形始终与丝锥轴线垂直，以保证内外锥螺纹牙形两边保持良好的接触。这种丝锥，攻螺纹时切削量很大。

 想一想

1. 你能区分锥形、柱形分配法丝锥吗？

2. 你能区分锥形分配法丝锥的头锥、二锥吗？

3）铰杠

铰杠是攻丝时，用来夹持和扳转丝锥的工具。分普通铰杠和丁字铰杠两类，如图 3.41、图 3.42 所示。丝锥铰杠又为固定式和活动式两种，固定铰杠用于攻 M5 以下的螺孔；活动铰杠可调孔尺寸，应用较广。铰杠的规格用长度表示。活动铰杠常用 150 ~ 600 mm 共 6 种规格，使用时可根据丝锥大小参数，按表 3.17 选用。

表 3.17 动铰杠适用范围

活动铰杠规格	150 mm	225 mm	275 mm	375 mm	475 mm	600 mm
适用丝锥范围	M5 ~ M8	M8 ~ M12	M12 ~ M14	M14 ~ M16	M16 ~ M22	M24 以上

丁字铰杠适用于在高凸台旁或箱体内攻丝。丁字活动铰杠用于 M6 以下的丝锥，大尺寸丁字铰杠一般为固定的，通常是按需要制成专用的。

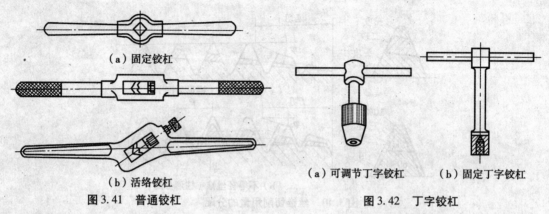

（a）固定铰杠

（b）活络铰杠

图 3.41　普通铰杠

（a）可调节丁字铰杠　　　（b）固定丁字铰杠

图 3.42　丁字铰杠

4）板牙

①圆板牙，如图 3.43 所示。圆板牙就像一个圆螺母，其端面钻有几个孔，以形成切削刃和排屑。板牙两端的锥角（2φ）部分是切削部分，其表面是经过铲磨而成的阿基米德螺旋面，以形成后角（α = 7°~9°）。锥角（2φ）一般为 40°~50°。使用中，当一端切削部分磨损后，可使用另一端。板牙的中间一段是校准部分，也是套丝时的导向部分。圆板牙的前刀面为曲线形，因此前角大小沿着切削面变化，在小径处前角（γd）最大，大径处前角（γd_0）最小，如图 3.43 所示。

M3.5 以上的圆板牙，其外圆有 4 个紧定螺钉坑和一条 V 形槽。4 个螺钉坑中有两个通过板牙中心，用作在板牙架上固定圆板牙并传递扭矩。过度磨损的板牙因校准部分螺纹尺寸变大而超出公差范围。为延长使用寿命，可用锯片砂轮沿 V 形槽切割出一条通槽，用板牙架上另两个紧定螺钉顶入板牙的两个偏心锥坑，使圆板牙的螺纹尺寸缩小。其调节的范围为 0.1~0.25 mm。板牙架上的螺钉孔不偏心，圆板牙上偏心，其目的就是使螺钉与锥坑单边接触，以便拧紧时板牙尺寸缩小。如果在 V 形槽的开口处旋入螺钉，就能使板牙尺寸增大。

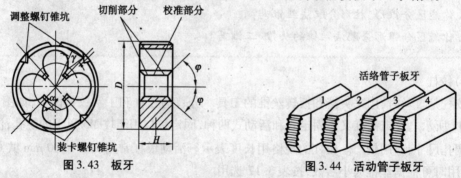

图 3.43　板牙

图 3.44　活动管子板牙

②活动管子板牙，它是 4 块为一组，使用时按编号顺序镶嵌在可调的管子板牙架中，就如同一个大的圆板牙，用来套管子的外螺纹，如图 3.44 所示。

5）板牙架

板牙架是用来装夹并扳转板牙的工具。分为管子圆板牙架，如图 3.45（a）所示。固定式圆板牙架，如图 3.45（b）所示。

（3）攻丝前底孔直径及孔深的确定

攻丝底孔直径可根据加工螺纹的大径和螺距，通过经验计算法和查表来确定。

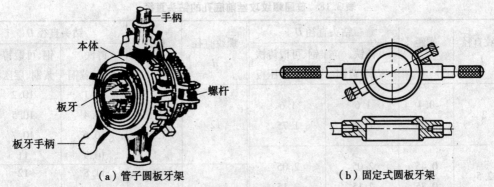

（a）管子圆板牙架   （b）固定式圆板牙架

图 3.45 板牙架

表 3.18 所示为普通螺纹攻丝前钻底孔的钻头直径。

1）普通螺纹攻丝前钻底孔的钻头直径

按经验法公式计算：

加工钢和塑性较大的材料，底孔钻头直径 $D_钻 = D - P$

加工铸铁和塑性较小的材料，底孔钻头直径 $D_钻 = D - (1.05 \sim 1.1)P$

式中 $D_钻$——底孔直径，mm；

　　　 D——螺纹大径，mm；

　　　 P——螺距，mm。

例 3 在中碳钢和铸铁的工件上，分别攻制 M12 的螺纹，求攻丝底孔直径。

解：中碳钢属塑性较大的材料，故钻孔直径为：

$$D_钻 = D - P = 12 - 1.75 = 10.25(\text{mm})$$

铸铁属于脆性材料，故钻孔直径为：

$$D_钻 = D - 1.1P = 12 - 1.1 \times 1.75 = 10.08(\text{mm})$$

取系列值中碳钢为 10.2 mm 钻头，铸铁取 10.1 mm 钻头。

2）攻丝前底孔深度的确定

攻不通孔螺纹时，丝锥切削部分不能切削出完整的螺纹，可将螺纹底孔适当加深。一般取：钻孔深度 = 所需螺纹深度 + 0.7D

式中 D——螺纹大径。

（4）套螺纹前圆杆直径的确定

套丝与攻丝一样，在切削过程中，其牙尖也要被挤高一些。所以，圆杆直径应比螺纹的大径稍小一些。套丝工作只在塑性材料上进行。

圆杆直径可用下列经验公式计算

$$d_杆 = d - 0.13p$$

式中 $d_杆$——套丝前圆杆直径，mm；

　　　 d——螺纹大径，mm；

　　　 p——螺距，mm。

表 3.18　普通螺纹攻丝前底孔的钻头直径

螺纹直径 d	螺距 P	钻头直径 D		螺纹直径 d	螺距 P	钻头直径 D	
		铸铁、青铜、黄铜	钢、可锻铸铁紫铜、层压板			铸铁、青铜、黄铜	钢、可锻铸铁紫铜、层压板
2	0.4	1.6	1.6	12	1.75	10.1	10.2
	0.25	1.75	1.75		1.5	10.4	10.5
					1.25	10.6	10.7
					1	10.9	11
2.5	0.45	2.05	2.05	14	2	11.8	12
	0.35	2.15	2.15		1.5	12.4	12.5
					1	12.9	13
3	0.5	2.5	2.5	16	2	13.8	14
	0.35	2.65	2.65		1.5	14.4	14.5
					1	14.9	15
4	0.7	3.3	3.3	18	2.5	15.3	15.5
	0.5	3.5	3.5		2	15.8	16
					1.5	16.4	16.5
					1	16.9	17
5	0.8	4.1	4.2	20	2.5	17.3	17.5
	0.5	4.5	4.5		2	17.8	18
					1.5	18.4	18.5
					1	18.9	19
6	1	4.9	5	22	2.5	19.3	19.5
	0.75	5.2	5.2		2	19.8	20
					1.5	20.4	20.5
					1	20.9	21
8	1.25	6.6	6.7	24	3	20.7	21
	1	6.9	7		2.5	21.8	22
	1.75	7.1	7.2		2	22.4	22.5
					1.5	22.9	23
10	1.5	8.1	8.5				
	1.25	8.6	8.7				
	1	8.9	9				
	0.75	9.1	9.2				

套丝前圆杆直径也可由表 3.19 查得。

表 3.19　套丝前圆杆直径

粗牙普通螺纹			英制螺纹			圆柱管螺纹		
螺纹直径/mm	螺距/mm	螺杆直径/mm		螺纹直径/in.	螺杆直径/mm		螺纹直径/in.	管子外径
		最小直径	最大直径		最小直径	最大直径		最小直径	最大直径
M6	1	5.8	5.9	1/4	5.9	6	1/8	9.4	9.5
M8	1.25	7.8	7.9	5/16	7.4	7.6	1/4	12.7	13

续表

粗牙普通螺纹				英制螺纹			圆柱管螺纹		
螺纹直径/mm	螺距/mm	螺杆直径/mm		螺纹直径/in.	螺杆直径/mm		螺纹直径/in.	管子外径	
		最小直径	最大直径		最小直径	最大直径		最小直径	最大直径
M10	1.5	9.75	9.85	3/8	9	9.2	3/8	16.2	16.5
M12	1.75	11.75	11.9	1/2	12	12.2	1/2	20.2	20.8
M14	2	13.7	13.85	—	—	—	5/8	22.5	22.8
M16	2	15.7	15.85	5/8	15.2	15.4	3/4	26	26.3
M18	2.5	17.7	17.85	—	—	—	7/8	29.8	30.1
M20	2.5	19.7	19.85	3/4	18.3	18.5	1	32.8	33.1
M22	2.5	21.7	21.85	7/8	21.4	21.6	$1\frac{1}{8}$	37.4	37.7
M24	3	23.65	23.8	1	24.5	24.8	$1\frac{1}{4}$	41.4	41.7
M27	3	26.65	26.8	$1\frac{1}{4}$	30.7	31	$1\frac{3}{8}$	43.8	44.1
M30	3.5	29.6	29.8	—	—	—	$1\frac{1}{2}$	47.3	47.6
M36	4	35.6	35.8	$1\frac{1}{2}$	37	37.3	—	—	—
M42	4.5	41.55	41.75	—	—	—	—	—	—
M48	5	47.5	47.7	—	—	—	—	—	—
M52	5	51.5	51.7	—	—	—	—	—	—
M60	5.5	59.45	59.7	—	—	—	—	—	—
M64	6	63.4	63.7	—	—	—	—	—	—
M68	6	67.4	67.7	—	—	—	—	—	—

为了使板牙起套时,容易切入工件并作正确引导,圆杆端部要倒角。倒角要求如图 3.46 所示。

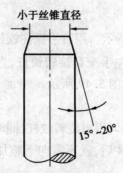

图 3.46　圆杆端部倒角

想一想

套丝工作可在铸铁或脆性材料上进行吗？为什么？

(5)套螺纹的步骤及操作要领

1)工件夹持

套丝时，由于切削力矩较大，且工件成圆柱形。因此，钳口处要用 V 形垫铁或软金属板衬垫将圆杆夹紧、夹牢。同时，伸出钳口部分不要过长。

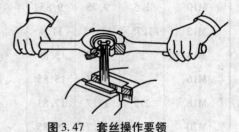

2)套丝操作要领

图 3.47   套丝操作要领

在套丝过程中，板牙端面应始终与圆杆中心线垂直，右手握住板牙架中部施加压力，左手保持垂直。套丝开始时，配合按顺时针旋转；或两手握住板牙架手柄(靠近中间部位握持)，边加压力边旋转。每旋转 1/2 ~ 1 圈，再反转 1/4 ~ 1/2 圈，如图 3.47 所示。当板牙旋入丝杆切出 3 ~ 4 扣丝牙时，两手只用旋转力，使板牙自然旋进。

⚠ **注意事项**

1. 在套丝过程中，为了断屑，要注意经常旋转板牙倒转。

2. 套丝中应适时地加冷却润滑液，一般用机油或浓度较高的乳化液；要求较高时，可选用菜油或二硫化钼。

3.5.4   工件螺纹加工工艺及评分标准

(1)准备工作

①仔细对照加工图纸和毛坯，对要进行螺纹加工的表面心中有数。

②准备好 M5 的丝锥、铰杠、冷却润滑液及测量工具。

(2)螺纹加工工艺

1)起攻

用头锥起攻，其操作如图 3.48 所示。用右手抓住铰杠中部，把丝锥对准孔，尽量使丝锥与孔同轴，向下施加一定压力，同时左手配合旋转铰杠，当丝锥切入 1 ~ 2 圈时，用直角尺在两个互相垂直的方向检查并校正，如图 3.49 所示。

2)进铰

确定丝锥没有歪斜后，用双手均匀用力旋转铰杠，同时略向下施加一定压力。

当丝锥的切削部分全部切入工件后，就不需向下施加压力，只需平稳地转动铰杠即可，如图 3.50 所示。

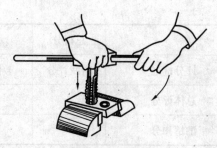

图3.48 起攻

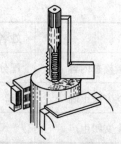

图3.49 检查并校正

3)退刀

当丝锥切削部分完全从螺孔中出来时,可进行退刀。双手握持铰杠反向旋转,退出丝锥。再用二锥攻螺纹,保证螺纹有良好的旋入性。

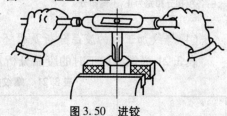

图3.50 进铰

⚠️ **注意事项**

1.攻丝时,每正向旋转1~2圈应反向回转半圈排屑,以免切屑堵塞使丝锥卡死。

2.攻丝时,应按头锥、二锥的顺序攻至标准尺寸,保证螺纹有良好的旋入性。

3.攻丝过程中,调换丝锥时要用手先旋入,直到不能再旋转时,才能用铰杠转动,以免损坏螺纹和产生乱牙。

4.攻不通孔时,可在丝锥上做标记,并经常退出丝锥排屑,防止切屑堵塞使丝锥折断或达不到深度要求。

5.在钢件或塑性、韧性较好的材料上攻丝时,应加切削液,以减小切削阻力,提高螺纹表面质量,延长丝锥使用寿命。一般钢件用机油、浓度较高的乳化液,质量要求较高的用菜油或二硫化钼;铸铁用煤油。

(3)评分标准

表3.20为螺纹加工评分标准。

表3.20 螺纹加工评分标准

学号		姓名			总得分	
序号	质量检查内容	配分	评分标准		自我评分	教师评分
1	4×M5 牙形完整(4处)	32	一处不合格扣8分			
2	螺孔垂直度(4处)	32	一处不合格扣8分			
3	螺孔表面粗糙度(4处)	24	一处不合理扣6分			

续表

学号		姓名		总得分	
序号	质量检查内容	配分	评分标准	自我评分	教师评分
4	攻丝方法正确	12	总体评分		
5	安全文明生产		酌情扣分		

注:各项扣分扣完为止,不倒扣分。

(4)螺纹加工时的废品分析及损坏原因

表3.21为螺纹加工时的废品分析及损坏原因。

表3.21 螺纹加工时的废品分析及损坏原因

损坏形式	产生原因	
	攻 丝	套 丝
烂 牙	1. 螺纹底孔直径太小,丝锥不易切入,使孔口烂牙。 2. 换用二锥或三锥时,与已切出的螺纹没有旋合好就用铰杠转动丝锥。 3. 对塑性材料没加切削液或丝锥没经常反转。 4. 头锥攻螺纹不正,用二锥强行纠正。 5. 丝锥磨钝或切削刃有黏屑。 6. 丝锥铰杠掌握不稳,攻有色金属强度较低材料时容易被切烂牙。	1. 圆杆直径太大。 2. 板牙磨钝。 3. 板牙没有经常反转,切屑堵塞把螺纹啃坏。 4. 铰杠掌握不稳,板牙左右摆动。 5. 板牙歪斜太多而强行纠正。 6. 板牙切削刃上粘有切削瘤。 7. 没选用合适的切削液。
螺纹歪斜	1. 丝锥位置不正。 2. 机攻时丝锥与螺孔轴线不同轴。	1. 圆杆端面倒角不好,板牙位置难以放正。 2. 两手用力不均匀,铰杠歪斜。
螺纹牙深不够	1. 攻丝前底孔直径太大。 2. 丝锥磨损。	1. 圆杆直径太小。 2. 板牙V槽调节不当,直径太大。

想一想

1. 攻丝后螺孔出现烂牙的原因有哪些?

2. 攻丝后螺纹出现歪斜的原因有哪些?

3. 攻丝时,丝锥为什么会折断?

●自我总结与点评

1. 自我评分,自我总结安全操作、文明生产情况;老师点评。

2. 操作完毕,整理工作位置;清理干净钳台;整理好工、量具;搞好场地卫生;做好工、量具保养工作。

 ●思考练习题

1. 丝锥由哪些部分组成? 其结构特点及其作用是什么?

2. 圆板牙各组成部分的名称、结构特点及作用是什么?

3. 攻丝时,怎么样正确选择润滑液?

4. 套丝圆杆直径为什么要比螺纹大径略小些?

5. 螺杆端部在套丝前不倒角对加工有什么影响?

6. 按要求回答问题:

(1)在钢件上攻 M16 的螺孔,并配制相应的螺杆,求钻孔直径和圆杆直径。

(2)在铸件上攻 M12 的螺孔,并配制相应的螺杆,求钻孔直径和圆杆直径。

●技能训练题

按图 3.38 进行螺纹加工技能训练。

项目四

平 面 加 工

●项目目标

　　掌握錾削、锯削、锉削加工的基本知识;掌握錾削、锯削、锉削加工的基本操作技能。

●项目任务概述

　　本项目是平面加工,如图4.1所示。按加工要求,需进行划线、錾削、锯削、锉削、钻孔等项工作。

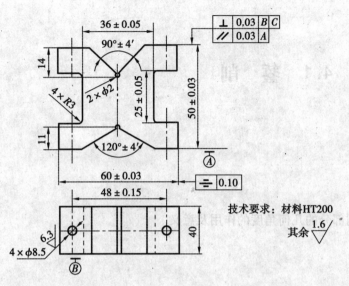

图 4.1 项目四零件加工图

●材料及工量具准备

本项目所需材料：HT200 毛坯 62 ×52 ×40。磨尺寸 40 的两平面和工艺基准 A、C。

本项目所需工量具：划线平板、划线工具、手锤、台虎钳、钳口铁、砂轮机、钻床、钻头、钳工锉、锯弓、表面粗糙度样板、刀口尺、塞尺、游标卡尺、高度游标尺、外径千分尺、半径规、万能角度尺、90°角尺、标准棒等。

●加工过程

表 4.1 为平面加工过程。

表 4.1 加工过程

序号	加工步骤	加工概述
1	錾削	去除工件外形过多的加工余量。
2	锉削	按要求加工出 60 ×50 ×40 的长方体，并达到图样要求的精度。
3	划线	以底面 A 和中心线为基准，划出加工线，并打好样冲眼。
4	锯削	加工出 V 形铁的毛坯外形。
5	锉削	锉削工件两侧和 90° ±4′和 120° ±4′V 形，达到图样要求。
6	钻孔	钻 4 ×φ8.5 孔。
7	修整	进行全面复查，并修整、倒角。

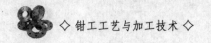

4.1 錾 削

4.1.1 学习目标

(1)知识目标

了解錾子结构,理解錾子切削部分的几何角度的作用及意义。

(2)技能目标

正确使用錾削工具进行加工。

4.1.2 任务描述

本次任务的目的是通过錾削,去除过多的加工余量,提高加工效率。

4.1.3 相关知识

(1)錾削工具

1)錾削概述

錾削是利用手锤击打錾子,实现对工件切削加工的一种方法。

它主要用于不便于机械加工的场合。工作范围包括去除毛坯的飞边、毛刺、浇冒口;切割板料、条料;开槽以及对金属表面进行粗加工。尽管錾削工作效率低,劳动强度大。但是由于它所使用的工具简单,操作方便,因此,仍起到重要的作用。另外手锤是各种机械加工的常用工具,特别是机修钳工。所以錾削时,手锤的使用训练能为学习者打下扎实的基础。

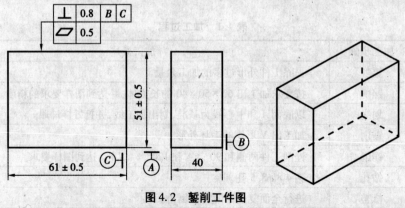

图 4.2 錾削工件图

2)錾子的结构与种类

①錾子的结构。錾子一般由碳素工具钢 T7A,T8A 锻成,并经热处理淬硬。它由切削部分、錾身、头部组成,如图 4.3 所示。

一般錾身制成多棱形,便于操作者握持,防止錾削时錾子转动。錾子头部有一定的锥度,顶端略带球形,便于捶击时的作用力集中并通过錾子的中心线;另外,还可以防止在錾削时,錾子头部的金属毛刺断裂扎手。

图 4.3 錾子的结构

②錾子的种类。錾子的类型,如图 4.4 所示。

a.扁錾。扁錾的切削刃较长,切削部分扁平,用于錾削平面,去除毛刺、飞边,切断材料,等等,应用最广,如图 4.4(a)所示。

b.窄錾。窄錾的切削刃较短,且刃的两侧自切削刃起向柄部逐渐变窄,以保证在錾槽时,两侧不会被工件卡住。窄錾用于錾槽及将板料切割成曲线等,如图 4.4(b)所示。

c.油槽錾。油槽錾的切削部分制成弯曲形状,切削刃很短,且制成圆弧形,如图 4.4(c)所示。

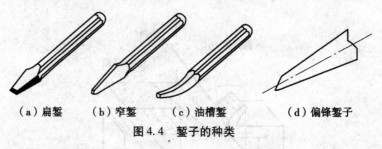

（a）扁錾　　（b）窄錾　　（c）油槽錾　　　（d）偏锋錾子

图 4.4 錾子的种类

⚠ **注意事项**

在实际工作中,精修平面时,錾子容易打滑,故可以将扁錾或窄錾刃磨成偏锋錾子。在錾削时,使錾子刃口更容易贴合被加工表面。錾削时,要求刃口窄的一面作为錾子的后刀面,如图 4.4(d)所示。

3)錾子切削部分的几何角度

如图 4.5 所示,为錾削时的几何角度。錾削角度的定义、作用和楔角大小的选择,分别见表 4.2、表 4.3。

表 4.2 錾削角度的定义及作用

錾削角度	定 义	作 用
楔角 β_0	前刀面与后刀面所夹的锐角	楔角的大小由刃磨时形成,楔角的大小决定了切削部分的强度及切削阻力的大小。楔角大,刃部的强度就高,但錾削费力。通常应根据工件材料的软硬程度,选取适当的楔角。

续表

錾削角度	定 义	作 用
后角 α_0	后面与切削平面所夹的锐角	后角的大小,决定了切入深度及切削的难易程度。后角太大,会使錾子切入太深,造成錾削困难。后角太小,切入就浅,切削容易,但工作效率低。另外后角太小会使錾子滑出工件表面,造成不能切入。
前角 γ_0	前面与基面所夹的锐角	前角的大小决定切屑变形的程度及切削的难易度。

表 4.3　錾削角度的选择

工件材料	楔角 β_0	后角 α_0	前角 γ_0
铸铁、高碳钢等硬材料	60° ~ 70°		
结构钢、中碳钢等中硬材料	50° ~ 60°	5° ~ 8°	$\gamma_0 = 90° - (\beta_0 + \alpha_0)$
铜、铝、锡等软材料	30° ~ 50°		

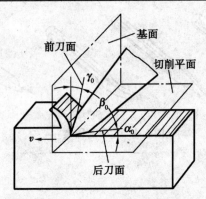

图 4.5　錾子切削部分的几何角度

⚠ **注意事项**

　　錾子是最简单的刀具,分析其切削部分的几何角度是为今后学习其他刀具打好基础。所以同学们千万不要觉得枯燥哟!

 想一想

　　为什么錾削硬材料时要选用较大的楔角?

　　4)錾子的刃磨

　　①刃磨錾子的原因。錾子刃部在使用过程中容易磨损变钝,会直接影响加工表面的质量和工作效率,故需经常刃磨,以保证刃口锋利。另外錾子的头部在长时间敲击后会产生毛刺,也应及时磨掉,否则容易在敲击过程中打崩伤手。

②錾子刃部的刃磨方法。如图4.6(a)所示,双手握持錾子,将錾子的切削刃置于砂轮水平中心线以上的轮缘处进行刃磨。刃磨时用力不能太大,錾子左右移动要平稳、均匀。当錾削面要求较高时,錾子还应在油石上精磨,如图4.6(b)所示。錾子楔角的两面应交替进行刃磨,直至錾刃平直。錾子楔角刃磨后,可用样板检查,如图4.6(c)所示。

（a）刃磨錾子　　　　　（b）在油石上精磨錾子　　　　（c）用样板检查錾子楔角

图4.6　錾子的刃磨

⚠ **注意事项**

1. 錾子在刃磨时,左右压力不均,使錾刃倾斜是常见的问题,可先使用扁铁,进行刃磨楔角的训练。

2. 錾子在刃磨时,应经常浸水冷却,以免錾子过热退火。

5)手锤

手锤又称为榔头,是钳工常用的敲击工具,如图4.7所示。手锤由锤头和木柄两部分组成。其规格是以锤头的质量大小来表示,有0.25,0.5,0.75,1 kg几种。锤头用碳素工具钢制成并经淬硬处理。木柄选用硬木制成,木柄长度应根据操作者的肘长来确定。确定方法为手握锤头,木柄应与手肘对齐,常用的手锤柄长为350 mm左右。木柄安装须可靠。为防止锤头脱落造成事故,锤头的孔做成喇叭形,即孔的中间小,两端大,以便木柄装入后再敲入楔子固定。为防止楔子松脱,通常楔子制有倒刺。

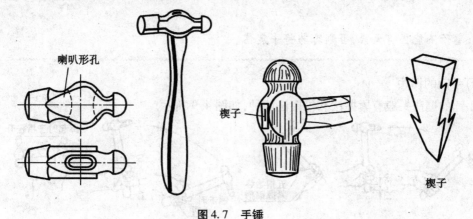

喇叭形孔　　　　　　　　　　　　　楔子　　　　　　　　　　　楔子

图4.7　手锤

想一想

在工厂,很多师傅喜欢用磅为单位来表示锤头的质量,同学们可上网查一查,1磅是多少千克?

(2)錾削基本操作

1)錾子的握法

（a）正握法　　　（b）反握法

图4.8　錾子的握法

錾子的握法,如图4.8所示,一般有正握法和反握法两种。操作熟练后,可根据生产过程中的实际需要握持。

①正握法。如图4.8(a)握持时,手心向下,用中指、无名指和小指握持錾身,大拇指与食指自然合拢。

②反握法。如图4.8(b)握持时,手心向上,錾身不接触手心,用手指指端自然合拢握持錾子。

⚠ **注意事项**

1. 握持錾子时,錾子头部伸出15 mm左右,如伸出过长,錾子容易出现摆动,敲击时容易打手。

2. 錾子不能握得太紧,否则容易将手震伤。

2)手锤的握法

手锤的握法一般有紧握法和松握法两种,如图4.9所示。

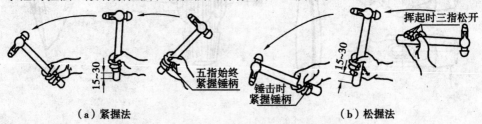

（a）紧握法　　　　　　　　　　（b）松握法

图4.9　手锤的握法

①紧握法。如图4.9(a)所示。敲击过程中五指始终紧握锤柄,尾部露出15~30 mm。初学者多采用此握法。

②松握法。如图4.9(b)所示。用大拇指和食指始终紧握锤柄。锤挥起时,小指、无名指、中指依次松开锤柄。捶击时,在运锤过程中再按相反顺序依次握紧锤柄。松握法可减轻操作者的疲劳。熟练后,可增大敲击力。

3)挥锤方法

①腕挥。如图4.10(a)所示,只依靠手腕的运动来挥锤。此方法捶击力较小,腕挥一般适用于起錾、收尾、修整或錾油槽等场合。

②肘挥。如图4.10(b)所示,利用手腕和手肘一起运动来挥锤。肘挥的敲击力较大,应用最广。

③臂挥。如图4.10(c)所示,利用手腕、手肘和手臂一起来挥锤。臂挥的敲击力最大,用于需要大量錾削的场合,在装配工作中也应用较多。

4)錾削站姿

錾削时的站姿,如图4.11所示,錾削时,面对台虎钳,左脚自然向前斜跨半步,重心偏于右脚。

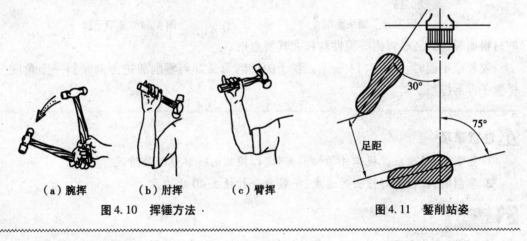

（a）腕挥　　　　（b）肘挥　　　　（c）臂挥

图4.10 挥锤方法

图4.11 錾削站姿

⚠ **注意事项**

1.手锤的握法,在初学时可用紧握法;当挥锤较熟练时应尽量采用松握法。

2.操作者与台虎钳的距离和足距,应根据操作者的身高来决定。

5)平面的錾削

錾削平面时,主要用扁錾。每次錾削余量取0.5~2 mm。如錾削余量超过2 mm,应分几次錾削。

起錾方法,如图4.12所示,起錾时,应将錾子的刃口抵紧工件边缘的尖角处,使錾子轴心线与工件端面基本垂直,用腕挥轻轻起錾。起錾后,再将錾子的后角调整到5°~8°,进行正常錾削。当每次錾削距尽头约10 mm时,应掉头錾削,如图4.13所示。否则会造成尽头

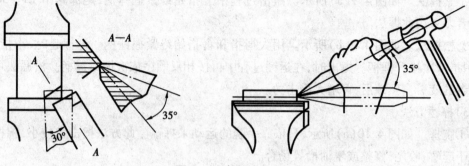

图 4.12　起錾方法

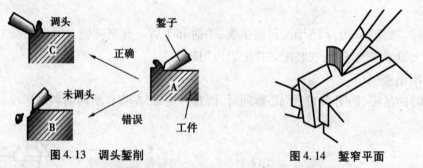

图 4.13　调头錾削　　　　　图 4.14　錾窄平面

的材料崩裂,对铸铁、青铜等脆性材料尤其要重视。

錾较窄平面时,如图 4.14 所示。錾子的切削刃最好与錾削前进方向倾斜一个角度,这样錾子容易握稳。

⚠ **注意事项**

1. 錾削时,眼睛应注视工件的切削部位,以便随时观察錾削的情况。

2. 錾削时,应控制好捶击的速度,一般每分钟捶击 40 次左右。

錾削时,为什么眼睛应注视工件的切削部位而不要注视握錾子的手?

6)油槽的錾削方法

錾削前,首先要根据图样上油槽的断面形状,把油槽錾的切削部分刃磨准确。錾削时,錾子的倾斜角度应随着曲面而变动,使錾削时的后角保持不变,这样能使錾出的油槽光滑且深浅一致,必要时可进行一定的修整,如图 4.15 所示。錾好后还要用砂布或刮刀把槽边的毛刺修光。

7)錾切板料的方法

在台虎钳上錾切,工件的切断线要与钳口平齐,工件要夹紧,用扁錾沿着钳口并斜对着板面,自右向左錾切,如图 4.16 所示。

对尺寸较大的薄板料,在铁砧(或平板)上进行切断时,应在板料下面衬以软材料,以免

图 4.15　錾削油槽

图 4.16　錾切板料

损坏錾子刃口,如图 4.17 所示。錾切时,应由前向后依次錾切。开始时錾子应放斜一些,以便于对齐切断线;对齐后再将錾子竖直进行錾切。如图 4.18 所示。

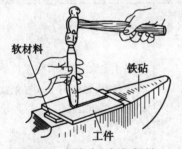

图 4.17　在铁砧上錾切板料

（a）先倾斜对齐錾切线　　（b）再竖直錾削

图 4.18　錾切板料时錾子的握法图

形状较复杂的板料的錾切方法,一般是先按轮廓线钻出密集的排孔,再用扁錾或窄錾逐步切成,如图 4.19 所示。

8)錾削时的安全文明生产

①錾削前,应认真检查锤头有无松动,锤柄有无裂纹,避免操作时锤头飞出伤人。

②錾削前,应注意四周环境,錾削者前方不能站人,避免铁屑飞溅伤人。挥锤时应注意背后是否有人。

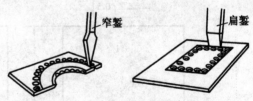

图 4.19　形状较复杂板料的切割

③錾削时,工件必须夹持正确,且夹持力应适当,夹持太紧,会夹伤工件表面;夹持太松,会造成工件夹持不稳而影响加工精度,甚至工件掉落伤人。

④錾削时的受力方向应朝向固定钳身,避免损坏台虎钳。

⑤錾削时,操作者应佩戴防护眼镜。

⑥铁屑的清除,应使用刷子清除,不能用嘴吹,避免铁屑入眼。

⑦錾削时,操作者不准戴手套操作,且操作者手上不能粘有油污,避免錾削时手锤滑出

伤人。

⑧錾削过程中,应及时磨掉錾子头部的毛刺,防止毛刺扎手。

⑨合理安排操作时间,严禁疲劳作业。

4.1.4 工件錾削加工工艺及评分标准

(1)准备工作

①检查毛坯尺寸是否符合图样要求。

②准备好所需划线用工量具和錾削工具。

③清理划线平台,清洁毛坯,除去毛坯上的油污、铁锈和毛刺。

(2)錾削工艺

本次錾削的任务主要是让学生用錾削的方法去除过多的加工余量,提高加工效率。其錾削工艺如表4.4所示。

表4.4 錾削加工工艺

序号	图 示	工艺过程
1	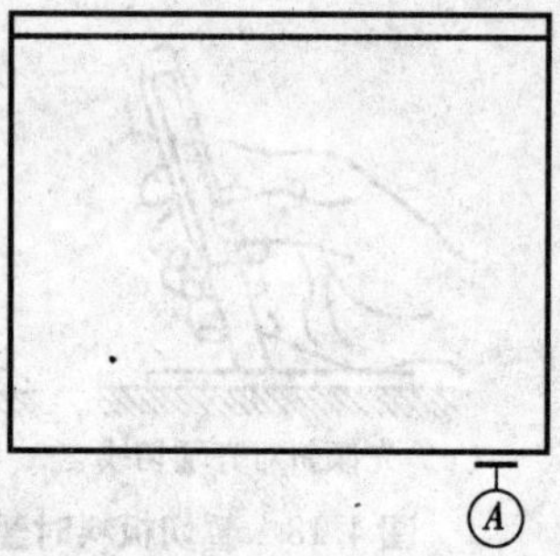	以 A 面为基准面,将工件放在划线平台上,划出 51 mm 錾削加工线并打好样冲眼。
2	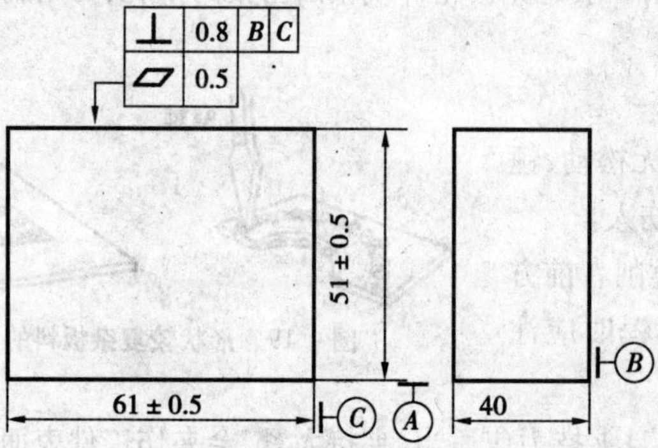 ⊥ 0.8 B C ▱ 0.5 51 ± 0.5　61 ± 0.5　40	1.錾削加工毛坯尺寸 51 ± 0.5,61 ± 0.5。 2.修整錾削面达精度要求。 3.锐边倒角。

⚠ **注意事项**

1.由于錾削加工属于粗加工,所以要为后续加工留出适当的加工余量。

2. 每次錾削余量取 0.5~2 mm,如加工余量不足 0.5 mm,则该面可以不进行錾削加工。

3. 在划线时,应在工件四周全部划出加工线。

4. 錾削前,应先检查手锤的木柄是否有裂纹,木柄安装是否牢固可靠。

5. 錾削加工属强力作业,力的方向应朝向固定钳身,如图 4.20。

6. 工件在夹持时,应在底面垫上木块,防止振动过大。

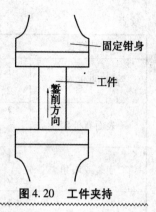

图 4.20 工件夹持

(3)评分标准

表 4.5 为錾削评分标准。

表 4.5 錾削评分标准

学号			姓名		总得分	
序号	质量检查内容	配分	评分标准		自我评分	教师评分
1	錾削姿势正确	10	错误一次扣 2 分			
2	錾削痕迹整齐	20	一面不合格扣 10 分			
3	尺寸公差 51±0.5 mm	15	超差 0.1 扣 3 分,一面超差 0.3 扣 15 分			
4	尺寸公差 61±0.5 mm	15	超差 0.1 扣 3 分,一面超差 0.3 扣 15 分			
5	平面度 0.5 mm	15	超差 0.1 扣 2 分			
6	垂直度 0.8 mm	15	超差 0.1 扣 2 分			
7	安全文明生产	10	违反一次扣 2 分,违反 3 次扣 10 分			

注:各项扣分扣完为止,不倒扣分。

(4)錾削时常见的废品形式及产生原因

表 4.6 为錾削时常见的废品形式及产生原因。

表 4.6 錾削时常见的废品形式及产生原因

废品形式	产生原因
表面粗糙	1. 錾子刃口爆裂或刃口不锋利。 2. 锤击力不均匀。 3. 錾子头部已锤平,使受力方向经常改变。

续表

废品形式	产生原因
表面凹凸不平	1. 錾削中,后角在一段过程中过大,造成錾面凹下。 2. 錾削中,后角在一段过程中过小,造成錾面凸起。
表面有梗痕	1. 握錾子的手未将錾子放正、握稳,使錾子刃口倾斜,錾子刃角梗入。 2. 錾子刃磨时刃口磨成中凹。
崩裂或塌角	1. 錾到尽头时未调头錾,使棱角崩裂。 2. 起錾量太多造成塌角。
尺寸超差	1. 起錾时尺寸不准。 2. 测量检查不及时。
槽口喇叭口	狭錾的刃口两端已钝或碎裂,仍在使用;在同一条直槽上錾削,狭錾刃磨多次而使刃口宽度缩小。
槽向一面斜	每次起錾位置向一面偏移。
与基面不平行	第一遍錾削时方向未挡稳;不依照划线进行錾削。

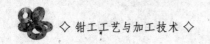

想一想

1. 錾削时工件表面凸凹不平的根本原因是什么?

2. 什么性质的材料錾削时易出现崩裂?

●自我总结与点评

1. 自我评分,自我总结安全操作、文明生产情况。

2. 操作完毕,整理工作位置;清理干净钳台;整理好工、量具;搞好场地卫生;做好工、量具的保养工作。

●思考练习题

1. 錾削时,錾子各角度对切削工作有什么影响?

2. 握锤的方法有几种? 哪种握法较好,为什么?

3. 錾削平面时应注意哪些问题?

4. 试述錾削的安全文明生产规范。

●技能训练题

按图 4.2 进行錾削加工技能训练。

4.2　锯　削

4.2.1　学习目标

(1)知识目标
了解锯削的作用,能根据不同材料正确选用锯条。
(2)技能目标
熟练掌握锯削的姿势和方法。

4.2.2　任务描述

本次任务是用锯削的方法加工出 V 形铁的外形,如图 4.21 所示。

4.2.3　相关知识

(1)锯削概述
用手锯对材料或工件进行分割或开槽的操作,称为锯削。锯削加工是一种粗加工,一般平面度可控制在 0.2 mm 范围内。锯削具有操作方便、简单、灵活的特点,适合于较小材料或工件的单件小批量的加工。

(2)锯削工具

1)锯弓
锯弓又称为锯架,其作用是张紧锯条,有可调式和固定式两种。如图 4.22 所示。

①可调式锯弓,如图 4.22(a)所示。它可以安装几种规格的锯条,并且携带方便,故应用广泛。

②固定式锯弓,如图 4.22(b)所示。虽然其只能安装一种规格的锯条,但是其强度好,精度相对较高,故在锯削要求较高的场合,应多使用固定式锯弓。

2)锯条
锯条一般用碳素工具钢 T10,T10A 或高速钢(锋钢)制成,并经热处理淬硬。

①锯条的规格。锯条的规格是以两端安装孔的中心距来表示,如图 4.23 所示。钳工常用的锯条规格是 300 mm,其宽度为 10~25 mm,厚度为 0.6~1.25 mm。

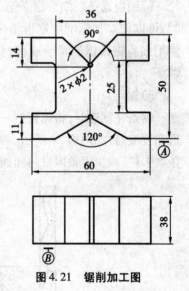

图 4.21　锯削加工图

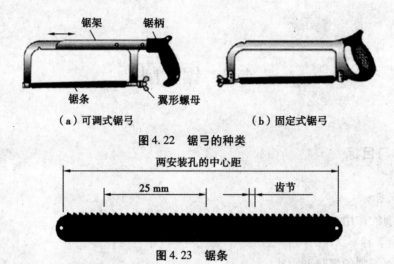

（a）可调式锯弓　　　　　（b）固定式锯弓

图 4.22　锯弓的种类

图 4.23　锯条

②锯齿的粗细及其选择。锯齿粗细是以锯条每 25 mm 长度内的齿数来表示的,常用的有 14,18,24,32 等几种。齿数越多,则表示锯齿越细。

a.粗齿锯条。粗齿锯条的容屑槽较大,不容易产生切屑堵塞而影响切削效率,适合于锯软材料。

b.细齿锯条。细齿锯条适合于锯硬材料、管子及薄材料。使用细齿锯条锯削硬材料时,可以使参加锯削的锯齿增多,使每齿的锯削量减少,切削省力,且降低了锯条的磨损。使用细齿锯条锯削管子或薄材料,可防止锯齿被材料棱边勾住而将锯齿崩裂,甚至折断锯条。

3）锯路

锯条在制造时,将锯齿按一定规律左右错开,排成一定的形状,称为锯路。锯路有交叉形和波浪形,如图 4.24 所示。锯路的作用是使锯缝的宽度大于锯条的厚度,防止锯削时锯条被卡住,减少锯条因发热而加快磨损,延长锯条的使用寿命,使锯削省力。

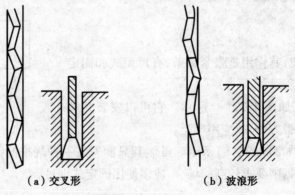

（a）交叉形　　　　　（b）波浪形

图 4.24　锯路

（3）正确使用手锯

1）锯条的安装

①安装时要使齿尖的方向朝前。手锯是在前推时,才起切削作用,因此,安装时要使齿

尖的方向朝前,如图 4.25 所示。

②锯条的松紧度要适当。一般要求只能用手拧紧翼形螺母,再用手扳动锯条,感觉硬实即可。锯条安装得太松或太紧,都容易折断。

③检查锯条与锯弓是否在同一中心平面内。锯条安装后,应检查锯条与锯弓是否在同一中心平面内,如出现歪斜或扭曲,应及时矫正,否则锯缝容易歪斜,影响锯削的质量。

2)握锯方法

握锯方法如图 4.26 所示。右手握住锯柄,左手轻扶在锯弓前端。锯削时的压力和推力主要由右手控制,左手主要是协助右手扶正锯弓。

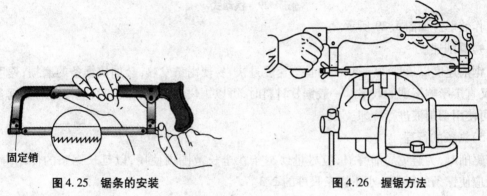

固定销

图 4.25 锯条的安装   图 4.26 握锯方法

3)锯削姿势

①锯削站势。锯削时的站立姿势与錾削基本相似。推锯时,重心从右脚转移至左脚,依靠身体的力量来帮助锯削。既可提高锯削的工作效率,又可减轻操作者的疲劳。如图 4.27 所示。

(a)   (b)   (c)   (d)

图 4.27 锯削姿势

②锯弓的运动方式

a. 直线运动式。直线运动由于其锯痕平直,适合于对锯削面要求较高的工件和直槽的锯削。前推时,左右手同时下压;后拉时,不加压力。如图 4.28 所示。

b. 摆动式。开始时左右手同时下压;推锯过程中,右手下压、左手上翘;后拉时,右手上抬,左手自然收回。该方法由于同时参加锯削的齿数减少,切入容易,可以减小切削阻力,提

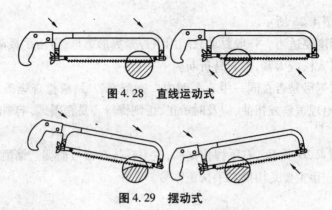

图 4.28　直线运动式

图 4.29　摆动式

高工作效率。如图 4.29 所示。

4）锯削速度

锯削速度以每秒 20～40 次为宜。速度过快,易使锯条发热,会加快锯条的磨损;速度过慢,又直接影响锯削的效率。一般锯软材料时,可以锯快些;锯硬材料时,应慢些。如锯条发热,可使用切削液进行冷却。

5）锯条的行程

锯削时,为避免局部磨损,应尽量使锯条在全长范围内使用,以延长锯条的使用寿命。一般应使锯条的行程不小于锯条长度的 2/3。

（4）锯削方法

1）起锯方法

起锯是锯削工作的开始。起锯质量的好坏,直接影响锯削的质量。起锯有远起锯和近起锯两种方法,如图 4.30 所示。一般采用远起锯。

无论哪种起锯方法,起锯角度都要求不大于 15°。如果起锯角度太大,锯齿容易被工件的棱边卡住,造成锯齿崩裂。但起锯角度也不能太小,否则由于同时参加锯削的齿数较多,切入材料困难,容易使锯条打滑而影响表面质量。为了使起锯平稳,位置准确,可用左手大

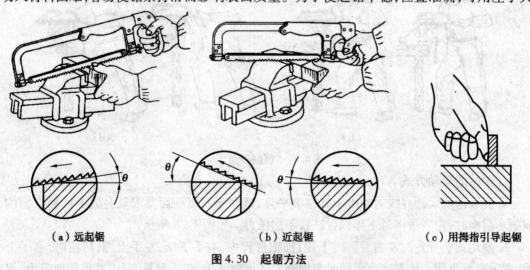

（a）远起锯　　　　　　　　　（b）近起锯　　　　　　　　　（c）用拇指引导起锯

图 4.30　起锯方法

拇指挡住锯条来导向,如图4.30(c)所示。起锯时,要求压力小、行程短。

2)管子的锯削方法

①薄壁管子的夹持。若是薄壁管子,应使用两块木制V形或弧形槽垫块来夹持薄壁管子,防止夹扁管子或夹坏表面,如图4.31(a)所示。

②薄壁管子的锯削方法。锯削时,每个方向只锯到管子的内壁处;然后把管子转动一个角度再起锯,且仍只锯到内壁处;如此多次,直至锯断。如图4.31(b)所示。

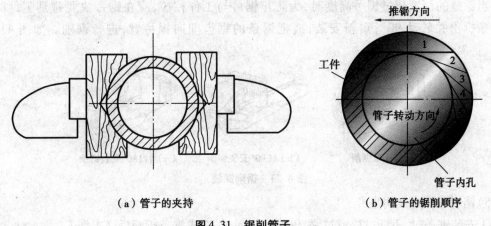

（a）管子的夹持　　　　　　　　（b）管子的锯削顺序

图4.31 锯削管子

⚠ **注意事项**

在转动管子时,应使已锯部分向推锯方向转动,否则锯齿会被管壁勾住而崩裂。

3)板料的锯削方法

①锯削板料。锯削的板料,如图4.32(a)所示。将板料夹持在台虎钳上,用手锯横向斜推,以增加同时参与切削的齿数,从而避免锯齿被勾住而崩裂。

②锯削薄板料。薄板料的锯削,如图4.32(b)所示。可以将薄板料夹在两木块之间,连同木块一起锯削,这样可避免锯齿被勾住而崩裂。

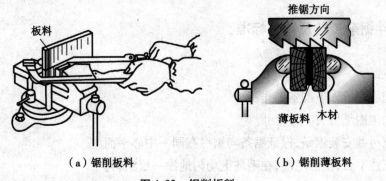

（a）锯削板料　　　　　　　　（b）锯削薄板料

图4.32 锯削板料

想一想

观察在实训中损坏的锯条,分析一下损坏的原因有哪些?

4)深缝的锯削

当锯缝的深度超过锯弓高度时,为防止锯弓与工件相撞,应在锯弓快要碰到工件时,将锯条拆出并转动 90°,重新安装;或把锯条的锯齿朝向锯弓背,进行锯削。如图 4.33 所示。

 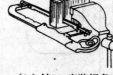 

（a）正常锯削　　（b）转90°安装锯条　　（c）转180°安装锯条

图 4.33　锯削深缝

5)锯削的安全文明生产

①安装锯条时,不能过松或过紧,以免在锯削时,造成锯条折断后弹出伤人。

②工件一般应夹持在台虎钳左侧,以便于操作。

③工件夹持在台虎钳上时,应使工件的锯削线尽量靠近钳口,且伸出端尽量短,防止工件在锯削时产生振动。

④锯削时工件应夹紧,避免工件松动,以防造成锯缝歪斜而影响加工质量。另外,工件夹持不紧还容易造成锯条的折断而伤人。

⑤锯削过程中,应做到压力适当,推锯平稳,避免锯条左右摆动而折断锯条。

⑥工件将要锯断时,应做到推锯压力小,并及时用手扶持好工件的锯断部分,避免锯断部分落下砸脚。

⑦锯削完毕后,应将锯弓上的翼形螺母旋松,以放松锯条,防止锯弓变形。

4.2.4　工件锯削工艺及评分标准

（1）准备工作

在划线前应完成如下准备工作:

①对照加工图纸检查毛坯尺寸。

②校正锯弓并安装锯条,保证锯条与锯弓在同一中心平面内。

③清理划线平台,清洁毛坯,在毛坯上均匀地涂一层涂料。

（2）锯削加工工艺

本次加工的任务主要是通过用锯削的方法来加工出 V 形铁的外轮廓,其工艺见表4.7。

表4.7 锯削加工工艺

序号	图 示	工艺过程
1	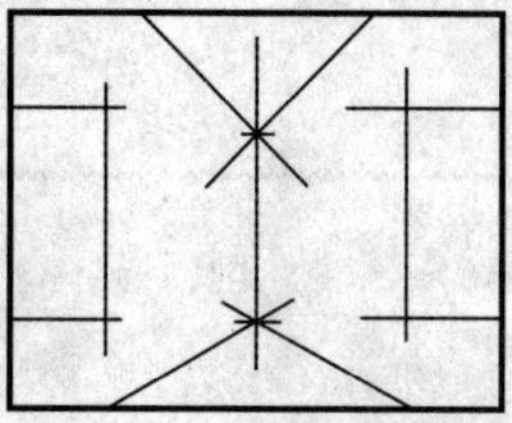	用锉削加工好外形尺寸的工件,根据图样尺寸划线,并打好样冲眼。要求工件正反两面同时划出。
2	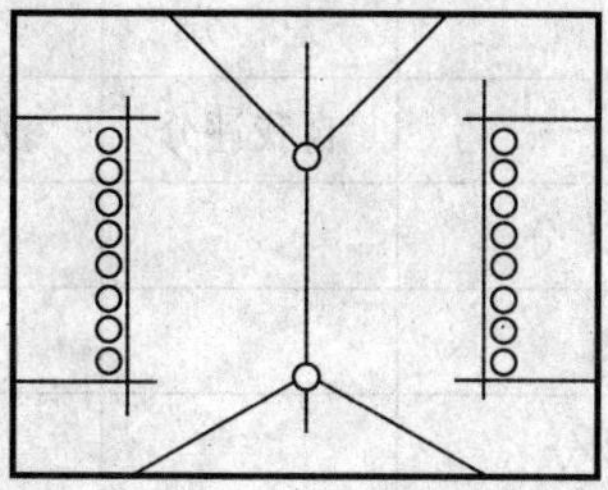	用 φ2 的钻头钻工艺孔和排孔。要求钻出的排孔不能损伤工件上已划出的尺寸线。
3	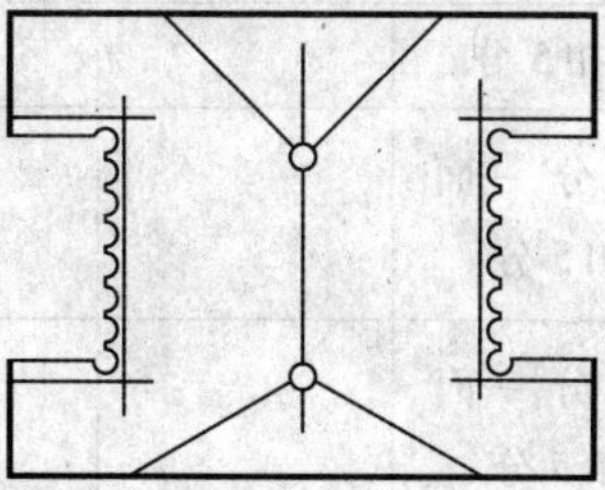	1. 按线锯削 V 形铁两侧的连接部位,留出 0.5 mm 余量。再用錾削的方法去除多余部分。 2. 锐边倒角。
4	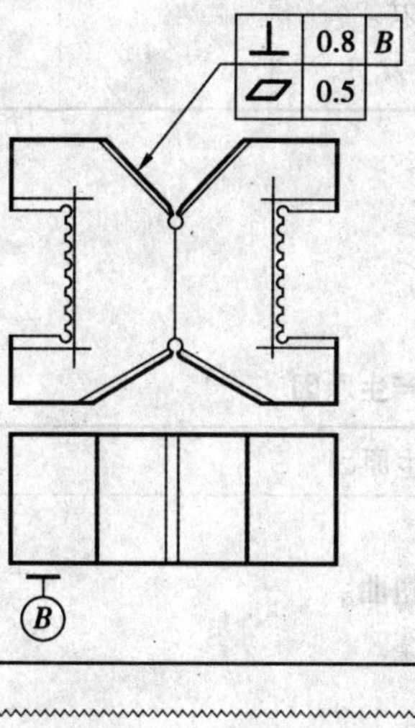	1. 按线锯削工件 90°和 120°两处 V 形,为后续加工留出 0.5 mm 余量,达平面度、垂直度要求。 2. 锐边倒角。

⚠ **注意事项**

1. 錾削加工后的毛坯,需通过锉削加工外形后才能划线进行锯削加工(锉削加工在本项目任务三介绍)。

2. 锯削属于粗加工,需要为后续加工留出足够的加工余量。

3. 钻排孔时,孔距应尽量短,降低錾削切除的难度。

4. 测量时,应将工件锐边倒钝,但锯削面不允许修整。

(3)评分标准

表4.8为锯削评分标准。

表4.8　锯削评分标准

学号				姓名		总得分	
序号	质量检查内容		配分	评分标准		自我评分	教师评分
1	工件划线		5	一处不合格扣1分			
2	钻工艺孔、排孔		5	酌情扣分			
3	锯削姿势		10	错误一次扣2分			
4	锯削面锯痕整齐		10	一面不合格扣2分			
5	尺寸精度(目测)		20	损伤证明线一处扣5分			
6	平面度0.50 mm		20	超差0.05 mm扣1分,一面超差0.20 mm扣5分			
7	垂直度0.80 mm		20	超差0.05 mm扣1分,一面超差0.20 mm扣5分			
8	安全文明生产		10	违反一次扣2分,违反3次不得分			

注:各项扣分扣完为止,不倒扣分。

(4)锯削时常见的废品形式及产生原因

表4.9为锯削时常见的废品形式及产生原因。

表4.9　锯削时常见的废品形式及产生原因

废品形式	产生原因
锯缝歪斜	1. 工件安装歪斜。 2. 锯条安装太松或锯弓平面产生扭曲。 3. 使用两面锯齿磨损不均匀的锯条。 4. 锯削时压力过大,使锯条偏摆。 5. 锯弓歪斜。

续表

废品形式	产生原因
锯条折断	1. 锯条安装得过紧或过松。 2. 工件夹持不稳或工件从台虎钳口伸出过长,在锯割时,发生颤动。 3. 起锯后,锯缝偏离加工线,强行借正,使锯条扭断。 4. 推锯时,压力过大或突然加大压力,使锯条在锯缝中卡住,造成折断。 5. 工件未锯断就更换锯条,使新锯条在旧锯缝中被卡而折断。 6. 工件将被锯断时,锯弓上没有减小压力,而使锯条碰撞在台虎钳等物件上,锯条折断。
锯齿崩裂	1. 起锯角太大或采用近起锯时,压力过大。 2. 锯薄板料和薄壁管子时,没有选用细齿锯条。 3. 锯割铸件时,突然碰到砂眼,杂质等,没有减小压力。
锯条过早磨损	1. 锯割硬材料时,没有加冷却润滑液。 2. 锯割过硬材料。 3. 锯割速度过快,造成锯条过热,使锯齿加速磨耗。

想一想

锯削中出现锯缝歪斜的原因是什么?

 ●**自我总结与点评**

1. 自我评分,自我总结安全操作、文明生产情况。

2. 操作完毕,整理工作位置;清理干净钳台;整理好工、量具;搞好场地卫生;做好工、量具的保养工作。

●**思考练习题**

1. 锯条的规格是指什么? 常用的锯条规格是多少?

2. 怎样选择锯条的粗细?

3. 什么叫锯路? 锯路有什么作用?

4. 起锯的方法有几种? 起锯的角度是多少,为什么?

5. 为什么在锯削薄板料和管子时容易崩齿? 应如何防止?

6. 试述锯削时应注意哪些问题?

●**技能训练题**

按图4.21进行锯削技能训练。

4.3 锉 削

4.3.1 学习目标

(1)知识目标

了解锉刀的种类、规格及选用。牢记锉削的安全文明生产规范。

(2)技能目标

正确使用锉刀,掌握平面锉削的方法,了解曲面锉削方法。熟练掌握锉削的质量检查方法。

4.3.2 任务描述

本次任务是通过锉削加工完成 V 形铁的制作,达到图样的精度要求。如图 4.34 所示。

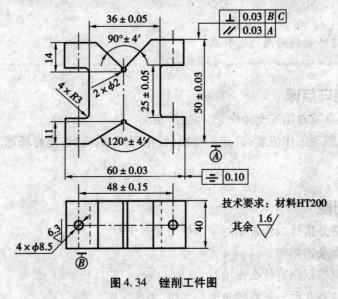

图 4.34 锉削工件图

4.3.3 相关知识

(1)锉削概述

1)锉削的含义

锉削是用锉刀对工件表面进行切削加工,使工件达到所要求的尺寸、形状和表面粗糙度的加工方法。锉削可以对工件进行较高精度的加工,其尺寸精度可达 0.01 mm,表面粗糙度可达 R_a0.8 μm。

2)锉削的用途

尽管锉削的效率不高,但在现代工业生产中,锉削方法仍被广泛使用。

①在修理、装配过程中对零件的修整。

②样板、模具的制造。

③复杂零件的加工等。

锉削是钳工中重要的一项基本操作。

(2)锉削工具

1)锉刀的构造

锉刀是用碳素工具钢 T12 或 T13 制成,经热处理后,硬度可达 62 ~ 67 HRC。锉刀由锉身和锉刀舌两部分组成,其构造如图 4.35 所示。

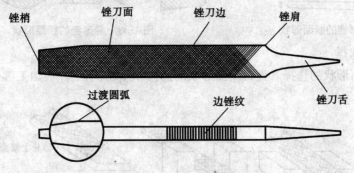

图 4.35 锉刀的构造

①锉身。锉身是指锉梢到锉肩的部分,无锉肩的整形锉和异形锉是指有锉纹的部分。

②锉刀面。锉刀面是锉削加工的主要工作面,其两面均有锉齿,都可以进行锉削加工。

③锉刀边。锉刀边是指锉刀的两侧面。锉刀边上可以制有锉齿,也可以不制锉齿,有锉齿的锉刀边,一般是用来锉削粗糙的表面和窄缝;没有锉齿的锉刀边称为光边,其作用是在锉削时,防止碰伤相邻的工件表面。

④锉刀舌。锉刀舌用于安装锉刀柄,便于操作者握持。

2)锉刀的种类

一般钳工常用的锉刀有钳工锉和整形锉。

①钳工锉。钳工锉按断面形状的不同,又可分为平锉、半圆锉、圆锉、三角锉、方锉等多种。其断面形状,如图 4.36 所示。

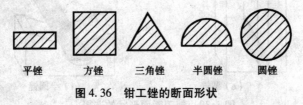

图 4.36 钳工锉的断面形状

②整形锉。整形锉又称为什锦锉，主要用于修整工件的细小部分。一般整形锉由多把不同断面形状的锉刀组成一套。常见的有 5 把、6 把、8 把、10 把、12 把为一套，如图 4.37 所示。

③异形锉。异形锉又称为特种锉，主要用于特殊表面的加工。异形锉的断面形状很多，常用的有刀口形、菱形、扁三角形、椭圆形、圆肚形等，如图 4.38 所示。

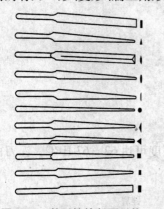

图 4.37　整形锉的断面形状

图 4.38　异形锉的断面形状

3）锉刀的选择

①锉刀断面形状的选择。锉刀断面形状的选择，应取决于工件被加工部位的几何形状。如图 4.39 所示。

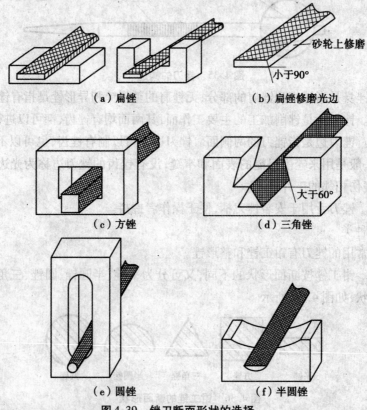

（a）扁锉　　（b）扁锉修磨光边

（c）方锉　　（d）三角锉

（e）圆锉　　（f）半圆锉

图 4.39　锉刀断面形状的选择

②锉刀尺寸规格的选择。不同锉刀的尺寸规格,用不同的参数表示。

a.圆锉的尺寸规格以直径表示。

b.方锉的尺寸规格以方形尺寸表示。

c.其他锉刀是以锉身的长度来表示。

d.整形锉的规格是指锉刀的全长。

⚠ 注意事项

1.锉刀的锉齿一般是由剁齿机剁成,即使是锉刀光边,也会存在微量的锉齿凸出。故在精修90°内角工件时,为防止锉刀边损伤相邻的工件表面,可以将扁锉的侧面进行修磨。如图4.39(b)所示。

2.三角锉适用于锉削大于60°的内角。如图4.39(d)所示。圆锉适用于锉削圆孔和小半径圆弧;锉削半径大的圆弧,应使用半圆锉。如图4.39(e)、(f)所示。

3.锉刀规格的选择,一般应根据加工表面的大小来决定。大的加工表面,应选择长锉刀;反之,则选用短锉刀。

③锉齿粗细的选择。锉齿的粗细由锉纹号来表示,即按每10 mm内主锉纹条数的多少来划分。钳工锉的锉纹号分为1~5号。

a.1号锉纹为粗齿锉刀。

b.2号锉纹为中齿锉刀。

c.3号锉纹为细齿锉刀。

d.4号锉纹为双细齿锉刀。

e.5号锉纹为油光锉。

锉纹号越小,表示锉齿越粗。

⚠ 注意事项

1.尺寸规格大的锉刀并不一定是粗齿锉刀;反之,尺寸规格小的锉刀并不一定是细齿锉刀。锉齿粗细规格的选择,一般应根据工件的加工余量、加工精度、表面粗糙度来决定。其具体选择,见表4.10。

表4.10　锉齿粗细规格的选择

锉齿粗细规格	选用依据		
	加工余量/mm	加工精度/mm	表面粗糙度
1号粗齿锉刀	0.5~1	0.2~0.5	$R_a100 \sim 25$
2号中齿锉刀	0.2~0.5	0.05~0.2	$R_a25 \sim 6.3$
3号细齿锉刀	0.05~0.2	0.02~0.05	$R_a12.5 \sim 3.2$

续表

锉齿粗细规格	选用依据		
	加工余量/mm	加工精度/mm	表面粗糙度
4 号双细齿锉刀	0.02 ~ 0.05	0.01 ~ 0.02	R_a 6.3 ~ 1.6
5 号油光锉	0.02 以下	0.01	R_a 1.6 ~ 0.8

2.另外,材质的软硬,也是在选择锉齿粗细规格的因素之一。材质软,应选用粗齿锉刀;材质硬,应选用细齿锉刀。

想一想

为什么锉削软材料,要选用粗齿锉刀?

(3)正确使用锉刀

1)锉刀手柄的装卸

①锉刀手柄。锉刀只有装上手柄后,才能使用。手柄常采用硬质木料或塑料制成,手柄前端圆柱部分镶有铁箍,以防止手柄裂开或松动。手柄安装孔的深度和直径不能过大或过小,大约能使锉舌长的 3/4 插入柄孔为宜。手柄不能有裂纹和毛刺。

②安装锉刀手柄的方法。手柄安装时,先将锉刀舌自然插入锉刀柄中,再手持锉刀轻轻镦紧,如图 4.40(a)所示。或用手锤轻轻击打锉刀柄,直至装紧。

③拆卸手柄的方法。在台虎钳钳口上轻轻将木柄敲松后取下,如图 4.40(b)所示。

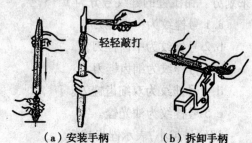

(a)安装手柄　　(b)拆卸手柄

图 4.40　锉刀手柄的装卸

2)锉刀的握法

①粗锉时锉刀的握法。如图 4.41 所示,右手紧握锉刀柄,柄端抵住掌心,大拇指放在锉

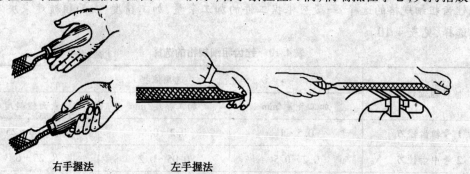

右手握法　　　　左手握法

图 4.41　粗锉时锉刀的握法

刀柄上部,其余手指由下向上握锉刀柄。左手的基本握法是将大拇指的根部肌肉压在锉刀梢部,大拇指自然伸直,其余四指弯向手心,用中指、无名指捏住锉刀前端。

②细锉时锉刀的握法。如图 4.42 所示,右手的握法与大锉刀的握法相同,左手的大拇指和食指,轻轻扶持锉刀梢部。

③精锉时锉刀的握法。如图 4.43 所示,右手食指平直扶在手柄外侧面,左手手指轻压在锉刀中部,以防锉刀弯曲。

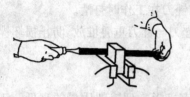 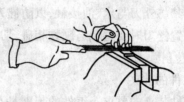

图4.42　细锉时锉刀的握法图　　　图4.43　精锉时锉刀的握法

想一想

锉刀的握法对锉削加工有什么影响?

3)锉削力和锉削速度

①锉削力的要求。在锉削过程中,必须使锉刀保持直线的锉削运动,才能锉出平直的平面。由于锉削时锉刀的位置在不断地变化,所以要求两手所加的压力也要做相应的改变。如图 4.44 所示。锉刀前推时,左手压力,由大逐渐减小;右手所加的压力,则应由小逐渐增大。

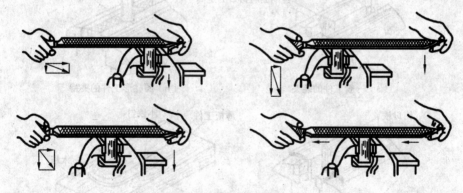

图4.44　锉削时的用力方法

②锉削速度的要求。锉削时的速度一般应控制在 40 次/min 左右,要求推出时稍慢,收回时稍快,动作自然协调。如速度太快,则会造成锉齿的快速磨损,还会影响锉削的质量。另外还容易产生操作疲劳。

4)锉刀的正确使用和维护保养

锉刀的合理使用和保养,能延长锉刀的使用寿命,提高工作效率,降低生产成本。合理使用和维护保养锉刀,应做好以下几个方面的工作。

①不许用锉刀锉削毛坯件的硬皮或工件上的淬硬表面,避免锉刀过快磨损。

②新锉刀应一面用钝后再用另一面,因为使用过的锉齿易锈蚀。

③粗锉时应充分使用锉刀的有效工作面,避免锉刀局部磨损。

④不能用锉刀作为装卸、敲击和撬物的工具,防止因锉刀材质较脆而折断。

⑤使用整形锉和小锉刀时,用力不能过大,避免锉刀折断。

⑥严禁将锉刀与水、油接触,以防锉刀锈蚀及锉刀在工作时打滑。

⑦放置锉刀时要避免与硬物相碰,切不可使锉刀与锉刀重叠堆放,防止损坏锉齿。

(4)锉削加工

1)工件的装夹

①工件装夹的要求。工件的装夹是否正确,直接影响到锉削质量的高低。工件的夹持应牢固,但夹持力又不能太大,以防工件被夹伤或变形。一般工件应尽量夹持在台虎钳钳口宽度方向的中间,且锉削面与钳口的距离适当。如伸出过高,在锉削时易产生抖动;伸出过低,则容易妨碍加工,且易伤手,如图4.45(a)所示。

②工件装夹的方法。不同形状的工件,应使用不同的夹持方法。

a.圆柱形工件,应使用V形钳口或用V形铁夹持,如图4.45(b)所示。

b.加工表面或精密工件,夹持时应在台虎钳钳口垫上紫铜皮或铝皮等软材料制成的钳口铁,以防夹伤工件表面,如图4.45(c)所示。

c.夹持薄板或不规则形状的工件时,可将工件固定在木板上,再将木板夹持在台虎钳上进行锉削,如图4.45(d)所示。

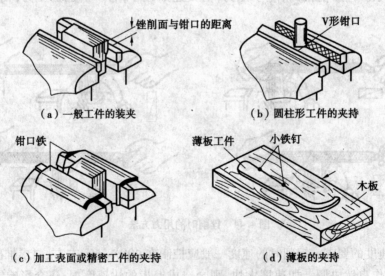

（a）一般工件的装夹　　　　　（b）圆柱形工件的夹持

（c）加工表面或精密工件的夹持　　　　（d）薄板的夹持

图4.45　工件的夹持

2)平面的锉削

平面的锉削方法有顺向锉、交叉锉和推锉3种。

a.交叉锉,如图4.46所示,交叉锉是从两个方向交替锉削的方法。采用交叉锉时,由于锉刀与工件接触面积大,锉刀容易掌握平稳,且可以根据锉痕的交叉网纹,来判断锉削表面的平直程度,故具有锉削平面度较好的特点,但加工表面的粗糙度较大。一般适用于锉削面较大、加工余量较多的平面。

b. 顺向锉,如图 4.47 所示。顺向锉是顺着同一个方向对工件进行锉削的方法,是锉削方法中最基本的一种方法,它能得到正直的刀痕。其加工表面整齐美观,适用于精锉。

c. 推锉,如图 4.48 所示。推锉是双手横握锉刀往复锉削的方法。使用推锉能降低工件表面的粗糙度,但工作效率低。一般适合于锉削狭长平面或余量较小的场合。

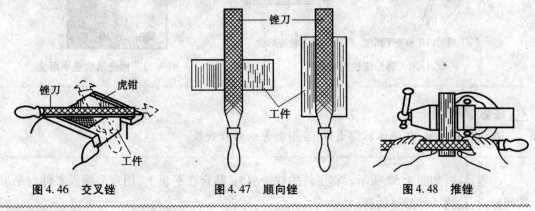

图 4.46 交叉锉 图 4.47 顺向锉 图 4.48 推锉

⚠ **注意事项**

在使用交叉锉和顺向锉时,为了使整个加工表面锉削均匀,每次退回锉刀时,应做横向移动。如图 4.49 所示。

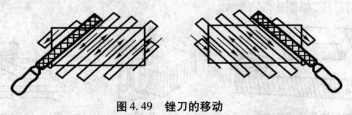

图 4.49 锉刀的移动

想一想

锉削平面时,可尽量选用推锉法以保证平面的加工质量,对吗?

3) 锉削平面的检查方法

① 表面粗糙度的检测方法。工件表面粗糙度的检测,一般是用眼睛直接观察,根据锉削痕迹的粗细和均匀程度来判断。也可以与标准的粗糙度样板相比较,进行检查。

② 平面度的检测方法。平面度的检测方法有以下几种:

a. 透光法,如图 4.50 所示,用刀口尺沿加工面的纵向、横向和对角方向做多处检查。根据被测量面与刀口尺之间的透光强弱是否均匀,来判断平面度的误差。若透光微弱而且均匀,则表明表面已较平直;若透光强弱不一,则表明表面不平整,光强处凹,光弱处凸。

b.痕迹法。先将红丹均匀涂抹在平板上,再将锉削面放在平板上,平稳地来回磨几次,若锉削面的红丹,分布均匀,则表明锉削面平;若锉削面的红丹,分布不均匀,则表明锉削面不平。颜色深处凸,无颜色处凹,如图4.51所示。

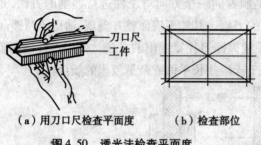

（a）用刀口尺检查平面度　（b）检查部位

图4.50　透光法检查平面度

被检查平面

红丹

图4.51　痕迹法检查平面度

⚠️ **注意事项**

在涂抹红丹时,不能涂抹得太厚,否则会影响检验效果。

c.塞尺法,如图4.52所示。将工件的被检测面,贴合在平板上,用塞尺插入工件与平板的间隙中,检测工件的平面度。

③平行度的检测方法。平行度的检测方法有如下几种:

a.尺寸测量法,如图4.53所示。在被测工件上,用千分尺测量各点的尺寸,所测尺寸中最大值与最小值之差即为该工件的平行度误差。

b.百分表测量法,如图4.54所示。

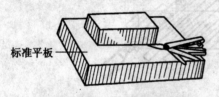

标准平板

图4.52　塞尺法检查平面度　　图4.53　用千分尺
测量平行度

图4.54　用百分表测量
平行度

④垂直度的检测方法,如图4.55所示。用刀口角尺或宽座角尺进行透光检测,根据透光的强弱,来判断被测表面的垂直度误差。也可以配合塞尺进行检查。

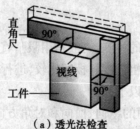

直角尺

90°

视线

工件

90°

（a）透光法检查

直角尺

工件

平板

（b）在平板上检查

图4.55　垂直度的检查方法

⚠ 注意事项

1.工件在测量前,应擦干净并去除毛刺,以保证测量时的准确性。

2.当基准面的平面度达到技术要求后,才能测量工件的平行度和垂直度。

3.在使用角尺进行测量时,应将角尺轻轻地移动到工件的被测面上,不允许用力下压和拖移,以避免损伤角尺的测量面。

4)曲面锉削

①外圆弧面的锉削方法

a.横向锉法,如图4.56(a)所示。锉刀主要是向圆弧轴线方向推动,同时不断地沿圆弧面摆动。横向锉法的锉削效率高,但锉削后的圆弧面不够圆滑,一般适用于圆弧面的粗加工。

b.顺向滚锉法,如图4.56(b)所示。锉削时,右手在推锉时下压,左手自然上抬。锉削后的圆弧面光洁圆滑,适用于圆弧面的精加工。

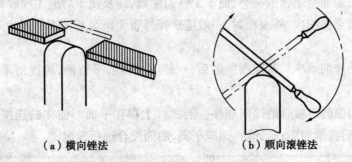

(a)横向锉法　　　　　　　　　　(b)顺向滚锉法

图4.56　外圆弧面的锉削方法

②内弧面的锉削方法。锉削内弧面时,应使用半圆锉或圆锉。锉削时,应同时完成3个运动,即锉刀向前的推动,锉刀沿圆弧面向左或向右的移动和绕锉刀轴线的转动,如图4.57所示。

③球面的锉削方法。锉刀完成外圆弧锉削复合运动的同时,还应绕球中心做周向摆动,如图4.58所示。

图4.57　内弧面的锉削方法

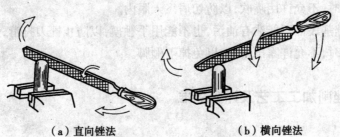

(a)直向锉法　　　　　　　　　　(b)横向锉法

图4.58　球面的锉削方法

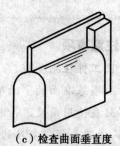

样板(用光隙法检查)

（a）半径视　　　　　　（b）用样板检查曲面　　　　（c）检查曲面垂直度

图4.59　曲面的检查方法

④锉削曲面的检查方法

在锉削曲面时,应使用半径规,如图4.59（a）所示。或自制样板检查曲面的轮廓度,如图4.59（b）所示。检查曲面与相邻面的垂直度,可使用角尺检查,如图4.59（c）所示。

5）锉削顺序

①选择锉削的基准面

a. 当工件上有几个面都需要锉削时,一般应选择较大的或精度要求较高的面作为基准面。因为较大的表面易于锉削平整,便于工件的测量,以及便于后道工序放置平稳。

b. 当工件需要锉削内、外表面时,一般应选择外表面作为基准面。因为外表面便于加工及测量。

②其他面的锉削顺序。基准面锉削后,一般应先锉削平行面,再锉削垂直面,最后锉削斜面和曲面。

③平面与曲面的连接时的锉削顺序。当工件上存在平面与曲面的连接时,一般粗锉时应先锉削平面,后锉削曲面;精锉时,则应平面、曲面配合进行锉削。

⚠ **注意事项**

在选择基准面时,应尽量与零件的设计基准重合,避免产生基准不重合误差。

6）锉削的安全文明生产

①不准使用没有安装手柄、手柄开裂或锉刀柄上无铁箍的锉刀。

②锉刀柄必须安装牢固,且锉削时锉柄不能撞击到工件,以免锉柄脱落,造成事故。

③锉削过程中,若发现锉纹上嵌有切屑,应及时去除,以免切屑刮伤加工面。

④清除切屑时,不允许用嘴吹,以防切屑飞入眼内。

⑤锉削时,锉削表面不能沾有油污,也不能用手触摸,以防止锉刀打滑,造成事故。

⑥锉刀放置时,不允许露出钳桌,以免掉下砸脚。

4.3.4　工件锉削加工工艺及评分标准

（1）准备工作

在划线前应完成如下准备工作:

①对照加工图纸检查毛坯尺寸。

②准备好各种工量具。

（2）锉削加工工艺

本次加工的任务主要是采用锉削的方法,加工 V 形铁的外轮廓,其工艺见表 4.11。

表 4.11　锉削加工工艺

序号	图　示	工艺过程
1	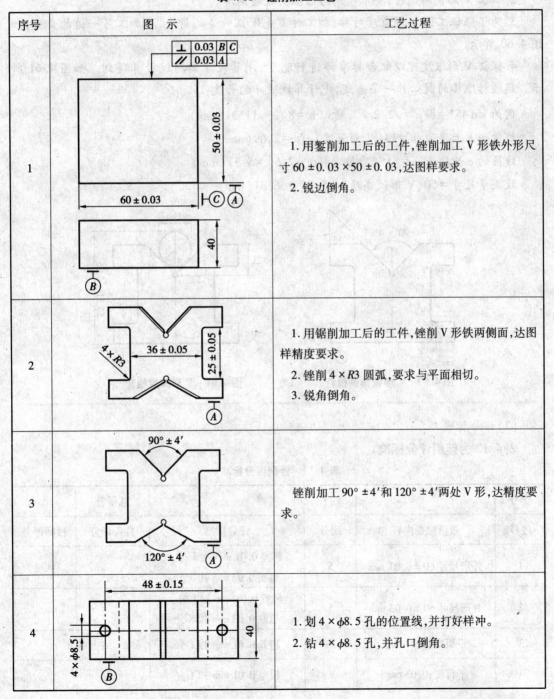	1. 用錾削加工后的工件,锉削加工 V 形铁外形尺寸 60 ± 0.03 × 50 ± 0.03,达图样要求。 2. 锐边倒角。
2		1. 用锯削加工后的工件,锉削 V 形铁两侧面,达图样精度要求。 2. 锉削 4 × R3 圆弧,要求与平面相切。 3. 锐角倒角。
3		锉削加工 90° ± 4′ 和 120° ± 4′ 两处 V 形,达精度要求。
4		1. 划 4 × φ8.5 孔的位置线,并打好样冲。 2. 钻 4 × φ8.5 孔,并孔口倒角。

⚠ **注意事项**

1.锉削第一道工序所用毛坯,为任务一錾削加工后的工件。锉削第二道工序所用毛坯,为任务二锯削加工后的工件。

2.加工 V 形铁两侧时,要求平面与圆弧要过渡圆滑。

3.为了保证工件 V 形角度对称,加工时需先保证一边的角度,再加工另一边的角度,如图 4.60 所示。

4.保证 V 形深度可以配合标准棒进行测量,测量尺寸需通过计算得到。如图 4.61 所示。通过标准棒的圆心作一条垂线,先计算线段 a 的长度:

因为 $\sin 45° = 8/a = \sqrt{2}/2$ 所以 $a = 8\sqrt{2} \approx 11.31(\text{mm})$

线段的 b 长度为:$b = 14(\text{V 形深度}) - a = 2.69(\text{mm})$

线段的 c 长度为:$c = 8(\text{标准棒半径}) - 2.69 = 5.31(\text{mm})$

故测量尺寸 $= 50(\text{V 形铁高度}) + 5.31 = 55.31(\text{mm})$

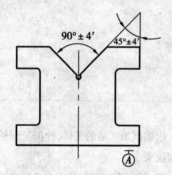

图 4.60　V 形铁角度检查

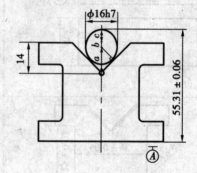

图 4.61　V 形深度检查

(3)评分标准

表 4.12 为锉削评分标准。

表 4.12　锉削评分标准

学号		姓名		总得分	
序号	质量检查内容	配分	评分标准	自我评分	教师评分
1	外形尺寸 60 ± 0.03 mm	5	超差 0.01 mm 扣 1 分, 超差 0.03 mm 扣 5 分		
2	外形尺寸 50 ± 0.03 mm	5	超差 0.01 mm 扣 1 分, 超差 0.03 mm 扣 5 分		
3	平面度:0.03 mm	16	超差 0.01 mm 扣 1 分		
4	平行度:0.03 mm	8	超差 0.01 mm 扣 1 分		

续表

5	垂直度:0.03 mm	16	超差 0.01 mm 扣1分		
6	尺寸要求:25±0.05 mm	2	超差 0.01 mm 扣1分		
7	尺寸要求:36±0.05 mm	4	超差 0.01 mm 扣1分		
8	角度:90°±4′	10	超差不得分		
9	角度:120°±4′	10	超差不得分		
10	48±0.15 mm(2处)	6	超差一处扣2分		
11	表面粗糙度 R_a1.6 μm	8	酌情扣分		
12	安全文明生产	10	违反一次扣2分, 违反3次不得		

注:各项扣分扣完为止,不倒扣分。

（4）锉削时常见的废品形式及产生原因

表 4.13 为锉削时常见的废品形式及产生原因。

表 4.13 锉削时常见的废品形式及产生原因

废品形式	产生原因
工件夹坏	夹持方法不正确或夹紧力过大
尺寸超差	1. 划线时产生错误。 2. 操作不熟练,锉出加工线。 3. 测量、检查不及时,方法不正确。
表面粗糙度不符合要求	1. 锉刀选用不当。 2. 粗锉时,锉纹太深。 3. 锉屑嵌在锉纹中未清除。
锉伤了不应锉的表面	1. 锉刀选用不当。 2. 锉刀打滑,把邻平面锉伤。
平面中凸	1. 未掌握锉削动作要领。 2. 两手用力不当,锉刀摆动。 3. 锉刀本身中凹。
对角扭曲	1. 左手或右手施加压力时,重心偏向锉刀的一侧。 2. 工件夹持歪斜。 3. 锉刀面本身扭曲。
平面横向中凹	锉削时,锉刀左右移动不均匀。

想一想

1. 锉削快进入尺寸公差时,出现频繁测量,最后尺寸变小成为废品的原因是什么?
2. 锉削时,工件平面不平的现象有哪些?

 ●**自我总结与点评**

1. 自我评分,自我总结安全操作、文明生产情况。
2. 操作完毕,整理工作位置;清理干净钳台;整理好工、量具;搞好场地卫生;做好工、量具的保养工作。

●**思考练习题**

1. 简述如何选用锉刀。
2. 锉削平面有哪几种方法? 各有什么特点?
3. 简述检查平行度的方法。
4. 简述锉削基准的原则。
5. 简述工件的一般加工顺序。

●**技能训练题**

按图 4.34 进行锉削技能加工训练。

项目五

加工高精度平面

●项目目标

明确刮削、研磨加工的基本知识；掌握刮削、研磨的基本操作技能。

●项目任务概述

本项目任务是接项目四课题的工件，如图5.1所示。对相关表面进行刮削和研磨的加工，属高精度平面的加工。

●材料及工量具准备

本项目所需材料：接项目四课题工件；

本项目所需工量具：平面刮刀、红丹粉、研磨平板、粒度100～280磨料、W40～W20研磨粉、游标尺、千分尺(0～25、50～75各1把)、刀口角尺、万能角度尺、百分表等。

● **加工过程**

在项目四中,已对 V 形架进行了锉削,在本项目中,按照如图 5.1 所示要求,进行相关表面的刮削和研磨加工。加工过程见表 5.1。

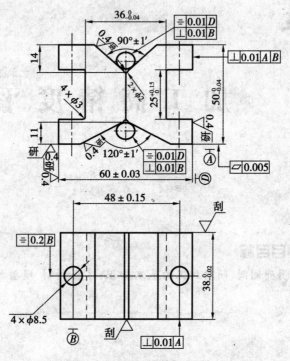

图 5.1　项目五零件加工图

表 5.1　加工过程

序 号	加工步骤	加工概述
1	刮削	刮削 B 面及其对面,达到25 mm×25 mm内 20 个点以上,垂直度小于0.01 mm,以及图纸所示尺寸要求。
2	研磨	研磨 A 面,选用粒度号为 100～280 的磨料进行粗磨,消除锉削痕迹,再选用 W40～W20 研磨粉进行研磨,达到平面度≤0.005 mm、R_a≤0.4 μm。
3	研磨	研磨 C 面及其对面,方法同 1,达到图纸要求。
4	研磨	研磨 90°V 形面,采取用直线研磨运行的方法,达到图纸要求。
5	研磨	研磨 120°V 形面,方法同 4,达到图纸要求。
6	清洗	用煤油清洗工件,并作全面的精度检查。

5.1　刮　削

5.1.1　学习目标

（1）知识目标

明确刮刀的种类及应用特点。

（2）技能目标

掌握各类刮刀的刃磨方法；熟练掌握平面、曲面及原始平板的刮削以及平面、垂直面的检测方法。

5.1.2　任务描述

本次任务是对项目四锉削加工后的 V 形块。按图 5.1 所示要求，对相关表面进行刮削操作，并达到图纸要求。

5.1.3　相关知识

（1）刮削概述

1）刮削原理

刮削是用刮刀刮除工件表面薄层的加工方法。其工作原理主要是利用凸点法，将工件与校准工具或与其相配合的工件之间涂上一层显示剂，经过对研，使工件上较高的部位显示出来；然后用刮刀进行微量刮削，刮去较高的金属层；通过反复地显示和刮削，使工件的加工精度达到加工要求。它是工装制造中常见的一种精加工方法。

2）刮削的特点及应用

①刮削具有切削量小、切削力小、产生热量小、装夹变形小等特点，能获得很高的尺寸精度、形状和位置精度、接触精度、传动精度和很小的表面粗糙度值。

②由于受到刮刀的推挤和压光作用，使工件能获得较小的表面粗糙度值。

③刮削后的工件表面，能改善相对运动零件之间的润滑情况。因此，机床导轨与滑行面和滑动轴承的接触面，工量具的接触面等，在机械加工后常采用刮削方法进行加工。

3）刮削余量

由于刮削每次只能刮去很薄的一层金属，刮削操作的劳动强度又很大，所以要求刮削的余量不宜太大，一般为 0.05～0.4 mm，具体数值见表 5.2。

表 5.2　刮削余量(对照表)

平面刮削余量					
平面宽度	平面长度				
	100 ~ 500	>500 ~ 1 000	>1 000 ~ 2 000	>2 000 ~ 4 000	>4 000 ~ 6 000
100 以下	0.10	0.15	0.20	0.25	0.30
100 ~ 500	0.15	0.20	0.25	0.30	0.40
孔的刮削余量					
孔 径	孔 长				
	100 以下		100 ~ 200		>200 ~ 300
80 以下	0.05		0.08		0.12
80 ~ 180	0.10		0.15		0.25
>180 ~ 360	0.15		0.20		0.35

在确定刮削余量时,还应考虑工件刮削面积的大小,工作面积、加工误差、结构刚性差时,其余量也相应大些,具有合适的余量,经刮削后才能达到要求。

(2)刮削工具

1)刮刀

刮刀是刮削用的主要工具。其刀头必须具有足够的硬度,刃口应保持锋利。刮刀的材料一般采用碳素工具钢(T8、T10、T12、T12A)或轴承钢(GGr15)锻制而成。当刮削硬质材料时,也可将硬质合金刀片镶在刀杆上使用。根据不同工件形状,刮刀分为平面刮刀和曲面刮刀两大类。

①刮刀的种类

a.平面刮刀。平面刮刀分为普通平面刮刀和活头平面刮刀,如图 5.2 所示。主要用于平面刮削和平面上刮花,也可刮削外曲面。一般多采用 T12A 钢或轴承钢(GGr15)制成,并经热处理淬硬。

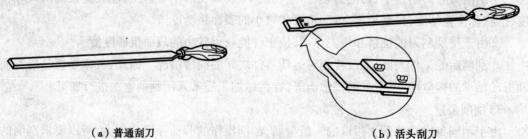

（a）普通刮刀　　　　　　　　　　　　（b）活头刮刀

图 5.2　平面刮刀

手握刮刀一般用废旧锉刀磨光两面锉齿改制而成,刀体较短,刮削时双手一前一后握持着推压前进。结构和形状,如图5.3(a)所示。

挺刮刀的刀片与刀体用铜焊焊接而成,具有较好的弹性。刮削时将刀柄放在小腹右下侧肌肉处,双体握准刀身,左手下压刀杆,利用腿部和臂部的力量使刮刀向前推挤。挺刮刀一般用于粗刮,结构和形状,如图5.3(b)所示。

精刮刀和压花刀的刀体呈曲形,头部小,角度大,弹性强。使用方法与挺刮刀相同,常用于精刮和刮花。结构和形状,如图5.3(c)所示。

钩头刮刀头部呈钩状,刮削时用左手紧握钩头部分,用力向下压;右手抓住刀柄,用力往后拉。结构和形状,如图5.3(d)所示。

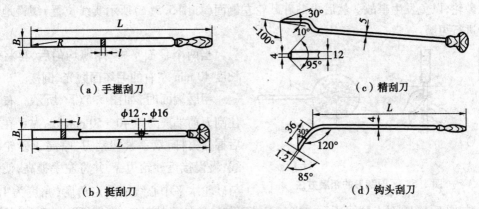

(a) 手握刮刀   (c) 精刮刀

(b) 挺刮刀   (d) 钩头刮刀

图5.3　普通平面刮刀

b.曲面刮刀。主要用来刮削内曲面,种类较多,常用的有三角刮刀和蛇头刮刀,结构和形状,如图5.4所示。

三角刮刀一般可用旧三角锉刀磨去锉齿改制,也可用高速钢车刀磨制或用碳素工具钢直接锻制,结构和形状,如图5.4(a)所示。三角刮刀的断面为三角形,其三条棱就是切削刃。

蛇头刮刀常用碳素工具钢锻制而成。刀具头部具有4个带圆弧形的切削刃,两平面内边磨有凹槽。结构和形状,如图5.4(b)所示。

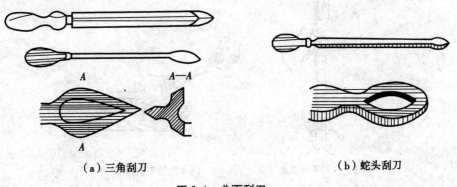

(a) 三角刮刀   (b) 蛇头刮刀

图5.4　曲面刮刀

想一想

刮削为什么能改善相对运动接触件的润滑状态?

②刮刀的刃磨。在刮削过程中,刮刀切削刃必须保持锋利,因而要常对刮刀进行刃磨。

a. 平面刮刀的刃磨。

粗磨。先粗磨两个大平面,用左手握紧刀柄,右手捏住前端刀口 70～80 mm 处的两侧,人体站在砂轮左侧。当刮刀刚接触砂轮侧面时,应在如图 5.5(b)所示的虚线位置,要慢慢接近砂轮,以免发生事故。然后再贴着砂轮左侧面(如图 5.5(a)所示实线位置)缓慢地前后移动进行刃磨。

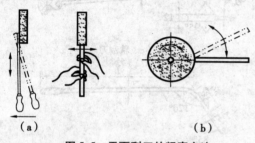

图 5.5 平面刮刀的粗磨方法

当两个平面平整、厚薄均匀后,再将侧面长度 40 mm 左右的毛坯面磨光、倒棱。

粗磨端面时,如图 5.5(b)所示。右手捏住刮刀前端离刀口 40～50 mm 处,左手在右手后握住刀杆,双手紧握刮刀,略高于砂轮中心线,慢慢接近砂轮边缘,并将左手提高,使刮刀与砂轮水平中心线成一定角度(角度为 15°～30°),如图 5.5(b)双点画线所示。当刮刀端面与砂轮轮缘接触后,便缓缓放平刮刀,使其与砂轮水平中心线一致(如图 5.5(b)所示实线位置),然后双手同步地左右平移刮刀(如图 5.5(b)左边所示)。

精磨。精磨步骤与粗磨相同,先磨两个平面,再磨端面。

刮刀精磨是在油石上进行,在刃磨刮刀的两平面时,必须先在砂轮上进行细磨,其方法与粗磨相似,如图 5.6(a)所示。区别在于,细磨时刮刀对砂轮侧面的压力稍小于粗磨。

刮刀平面的精磨。如图 5.6(b)所示,左手捏住刮刀前端离刀头 50～60 mm 处,拇指贴

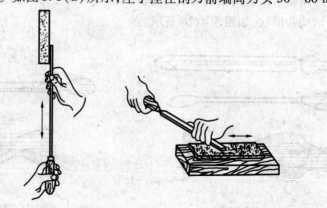

(a)刮刀平面细磨   (b)刮刀平面精磨

图 5.6 刮刀平面的精磨方法

住刮刀侧面,其余四指抓住刮刀,同时注意用小指勾住刮刀侧面,以便定位。右手握住刀柄,两手同步地左右推移,压力不宜太大。回程时一般不施加压力,刮刀接触油石长度不小于10 mm,推进时的行程长度尽量为油石的全长,使油石表面磨损均匀。

同时,刃磨时还应不断加入无杂质的机油,同样的刃磨方法,反复刃磨刮刀两平面,直到达到精磨要求。精磨完毕后,将刀身略提起,使切削刃与油石脱开,以免损坏切削刃。

刮刀端面的精磨方法有手推法和靠肩法。

手推法。如图5.7所示,右手紧握离刀头70~80 mm处,左手握住刀柄或靠近刀柄处,使刀身直立于油石并稍带前倾,倾角大小以刮刀性质和操作时手感调整而定。刮刀在油石上刃磨时,左手扶着刀身,与油石保持一定角度,右手握住刮刀来回移动。刃磨时注意:向前推时,刮刀略向前倾,使刀端前半面在油石上磨动;向后回拉时,应略提起刀身,以免损伤刃口。前半面磨好后,翻转180°,再用同样的方法刃磨另半面,直到符合要求。

靠肩法。如图5.8所示,将刮刀上部靠在肩前部,两手一上一下握住刀身,并根据刃磨者身高等情况呈一定楔角,然而两手施加压力,将刮刀向后拉动,刃磨刀端的一个半面。当刮刀向前移动时,应将刮刀提起,以免损伤刃口。磨好后,将刮刀翻转180°,同样的方法刃磨另一面,直到符合精度要求。靠肩法适用于初学者。

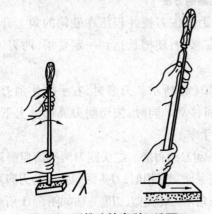

图5.7 手推法精磨刮刀端面　　　　图5.8 靠肩法精磨刮刀端面

端面的刃磨。根据刮刀顶端的形状,以及顶端与刀头平面形成的角度大小,分为粗、细、精和韧性材料刮刀,如图5.9所示。

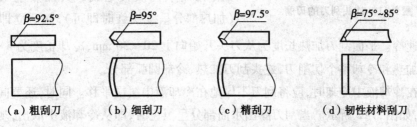

（a）粗刮刀　　（b）细刮刀　　（c）精刮刀　　（d）韧性材料刮刀

图5.9 刮刀头部形状和角度

粗刮刀的刃口须平直,角度为90°~92.5°,头部略薄于柄部,并略窄于柄部2~3 mm。

细刮刀的外形与粗刮刀相似,刃口稍带弧形,角度为95°左右。

精刮刀的切削刃呈圆弧形,圆弧半径小于细刮刀,角度为97.5°左右。

韧性材料刮刀为保持其锋利,角度为75°~85°。

b. 曲面刮刀的刃磨

三角刮刀的刃磨。如图5.10所示,分3个圆弧面的刃磨及粗磨后在3个圆弧面上开槽。

粗磨。其方法如图5.10(a)所示。右手握住刮刀刀柄,左手将刮刀的刃口以水平位置轻压砂轮缘上,两手协调配合按刀刃弧形来回摆动。一面刃磨完毕后以同样方法刃磨其他两面,使3个面的交线成弧形的切削刃。

(a) 粗磨   (b) 开槽   (c) 精磨

图5.10 三角刮刀粗磨的方法

开槽。如图5.10(b)所示,左手握住刀柄,右手捏住刀棱并轻压在砂轮的角上开槽,槽要开在两刃的中间。开槽时,刮刀应稍做上下左右移动,使槽长达到一定要求,两刃边上只能留2~3 mm的棱边。

精磨。精磨是在油石上进行的,方法如图5.10(c)所示。刃磨时,右手握住刮刀柄,左手轻压在切削刃上,使切削刃沿油石长度方向来回移动。同时,按切削刃弧形做上下摆动,直到切削刃锋利为止(操作时用力要轻,以免划伤手掌)。

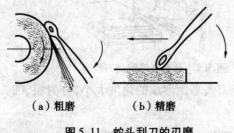

(a) 粗磨   (b) 精磨

图5.11 蛇头刮刀的刃磨

蛇头刮刀的刃磨。蛇头刮刀两平面粗磨和精磨的方法与平面刮刀相似,刀头两圆弧面的刃磨及开槽方法与三角刮刀相类似,刃磨方法如图5.11所示。

③刮刀的热处理。刮刀的热处理(硬质合金除外)是由淬火和回火两过程组成。方法是将粗磨好的刮刀用氧乙炔火焰或炉火加热至780°~800°(加热部分呈樱桃红时即可),然后立即取出放入冷却液中速冷。平面刮刀加热长度为从刀头开始向上20~30 mm,冷却长度为5~8 mm;三角刮刀要加热和冷却整个切削刃,蛇头刮刀加热、冷却圆弧部分。

刮刀在冷却液中冷却时,应将刮刀不停地在冷却液中缓慢平移。同时,还要间隔地微微上下运动,如图5.12所示。当刮刀露出水面部分呈黑色时,即从冷却液中取出,观察其刃部颜色呈白色后,再迅速将刮刀全部浸入冷却液中,待完全冷却后再取出。

冷却液有三种:

水:一般用于平面粗刮刀及刮削铸铁或钢的曲面刮刀的淬火,其淬硬程度通常低

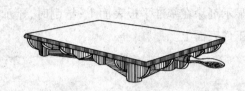

图5.12　刮刀的热处理　　　　　　　　　　图5.13　校准平板

于60HRC;

　　盐溶液(含盐量15%):用于刮削较硬金属的平面刮刀的淬火,淬硬程度一般大于60HRC;

　　油:一般用于曲面刮刀及平面精刮刀的淬火,淬硬适度在60HRC左右。

　　2)校准工具

　　校准工具也称研具,是用来合磨研点和检验刮削表面精度的工具。根据被检工件工作表面的形状特点,校正工具分为校准平板、校准平尺及角度平尺,以及用来研滑动轴承孔的校准芯棒等。

　　①校准平板。用来检验宽平面。其结构和形状如图5.13所示。平板的精度分为0、1、2、3级等4个等级,0~2级为标准平板。

　　②校准平尺。用来检验狭长的平面。常用的校准平尺有桥形平尺和工字形平尺两类。其结构和形状如图5.14所示,图5.14(a)为桥形平尺,用于检验较大导轨平面;图5.14(b)为工字形直尺,它又分为两种,一种是单面平尺,即有一个经过精刮的工作面,用于检验较短导轨平面;另一种是双面平尺,即上、下两面都经过精刮,且互相平行,用于检验导轨相对位置的精度。

　　③角度平尺。用于检验两个刮削面互成角度的组合平面,其结构和形状如图5.15所示。角度角尺的两面需精刮,并成标准角度,如55°、60°等,第三面是放置时的支承面,刨削即可。

　　各种校准平尺应吊起放置,以防其变形。

　　　　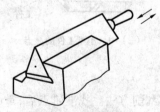

（a）桥形平尺　　　　（b）工字形平尺

图5.14　校准平尺　　　　　　　　　　　图5.15　角度平尺

　　3)显示剂

　　①显示剂的种类

　　a.红丹粉。分为铁丹和铅丹。铁丹又称氧化铁,呈红褐色或紫红色;铅丹又称氧化铅,呈橘黄色。两者粒度均极细,可用牛油或机油调和使用,通常用于钢和铸铁件的刮削。

　　b.蓝油。由蓝粉和蓖麻油调和而成,呈蓝色,多用于精密工件、有色金属及合金在刮削

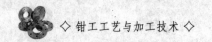

时的涂色。

②显示剂的使用。显示剂使用的关键是显示剂的调和及涂布。粗刮时可适当调稀点，同时将显示剂涂在基准平板表面上；精刮时，显示剂可调和干些，一般将显示剂薄而均匀地涂抹在工件表面上。

1. 平面刮刀刃磨有哪些要点？
2. 显示剂在刮削中起什么作用？

（3）刮削操作方法

1）平面刮削的操作步骤

①显点的方法。将显示剂涂在工件（也可涂在校准工具）上，经推研即可显示出需要刮去的高点。根据不同形状和刮削面积的大小，显点方法有所不同。

a. 中、小型工件的显点。一般中、小型工件刮削推研时，是校准平板不动，将被刮削的平面涂匀显示剂在平板上进行推研。若工件长度较长，推研时超出平板部分的长度，要小于工件长度的1/3。如图5.16（a）所示。

b. 大型工件的显点。一般是工件固定，而将显示剂涂在被刮削的平面上，用校准工具在被刮削平面上进行推研；推研时，校准平板超出被刮削平面的长度不得大于自身长度的1/5。如图5.16（b）所示。

c. 形状不对称工件显点。对该类工件推研时，一定要根据工件的形状，在不同位置施以不同大小及方向的力，如图5.16（c）所示。

（a）中、小型工件的显点　　（b）大型工件的显点　　（c）形状不对称工件的显点

图5.16　显点的方法

②刮削方法。找准研点后，重心靠向左脚往前送，同时右手跟进刮刀。

a. 手刮法。如图5.17（a）所示，右手握刀柄，左手四指向下握住距刀头50 mm处，使刮刀与刮削表面成20°～30°角；左脚跨前一步，上身前倾，以增加左手压力。刮削时右手随着上身摆动，使刮刀向前推进；左手下压，落刀要轻，并引导刮刀前进方向；当推进到所需位置时，左手迅速提起，完成一个手刮动作，如图5.17（b）所示。然后将刮刀恢复起始姿势。手刮法要点——"推""压""提"。

b. 挺刮法。如图5.18（a）所示，将刮刀柄顶在小腹右下侧，双手握住距切削刃约80 mm

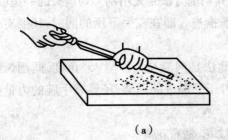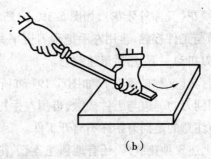

（a）　　　　　　　　　　　　　（b）

图 5.17　手刮法的姿势

处。刮削时,切削刃对准研点,左手下压刀杆,利用脚和臀部的力量向前推挤刮刀。开始向前推时,双手加压力,当刮刀被推到研点处的瞬间,双手将刮刀提起,如图 5.18(b)所示,完成一次刮点。

③平面刮削的步骤

a. 粗刮。粗刮选用粗刮刀,常采用挺刮法连续进行。刀迹较宽(10 mm 以上),行程较长(10~15 mm),刀迹要连成一片;刮好一遍后再交叉(30°~45°角)进行刮削。通过不断研点、修刮,至每 25 mm × 25 mm 面积内有 4~8 个研点,且分布均匀,粗刮即告结束。

（a）　　　　　　　　（b）

图 5.18　挺括法的姿势

b. 细刮。用细刮刀刮削时,刀迹长、宽分别控制在 6 mm 和 5 mm 左右,与粗刮方法相似,通过不断研点、修刮,至 25 mm × 25 mm 面积内有 12~15 个研点即可。

c. 精刮。精刮选用精刮刀,刀迹长度与宽度,一般控制在 5 mm 以内。落刀要轻,起刀要迅速挑起;每个研点只能一刀,不可重复。同样交叉(角度为 45°~60°)地进行刮削,精刮至 25 mm × 25 mm 面积内均匀分布 20 个以上的研点即可。

d. 刮花。刮花的目的是为了增加工件刮削面的美观和储油,增加表面的润滑,减少相互间表面的磨损,通过花纹可判断工件的磨损情况。常见的花纹有斜纹花、鱼鳞花、半月花等。刮花时应选用精刮刀进行。

斜纹花如图 5.19(a)所示。其刮削方法是用刮刀与工件边呈 45°角方向刮削而成,而花纹大小是按工件刮削面大小而定,一个方向刮削完毕后再刮另一个方向。

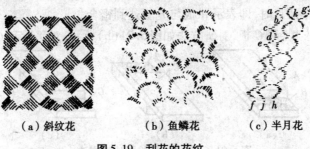

（a）斜纹花　　　　　（b）鱼鳞花　　　　　（c）半月花

图 5.19　刮花的花纹

鱼鳞花(又称月牙花),如图5.19(b)所示。其刮削方法是先用刮刀切削刃的一边(右边或左边)与工件接触,再用左手把刮刀压平并向前推进。即在左手下压的同时,还要有规律地把刮刀扭动一下,然后迅速起刀。

半月花(又称链条花),如图5.19(c)所示,此法是刮刀与工件呈45°角度,同刮鱼鳞一样,先用刮刀的一边与工件接触,再用左手把刮刀压平推进的同时,还要靠手腕的力量扭动刮刀,应注意的是刮刀始终不离开工件。

除上述3种花纹外,还有地毯花、燕子花、波纹花、钻石花等。

2)原始平板的刮削

平板是最基本最重要的检验工具,一般采用渐近法刮削,即不用标准平板,通常以3块原始平板依次循环互研互刮,直到达到要求,如图5.20所示。

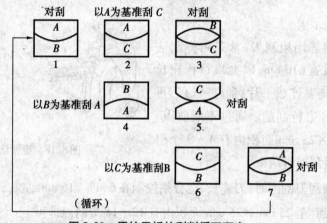

图5.20 原始平板的刮削循环顺序

①粗刮。通常采用挺刮法,选用粗刮刀分别对3块原始平板刮削若干遍。刮削时,刀痕要成片相连,每刮一遍后再交叉呈45°角进行下一遍的刮削,刀迹不能重叠,直到刮去机加工痕迹为止。

显示剂应选用铅丹,采用直向、互研互刮法。

②互研互刮、循环刮削。把3块经过粗刮后的原始平板,任意地编为A板、B板、C板,分别进行互研互刮,循环刮削,如图5.21所示。

a.A板与B板互研互刮时,首先将A板与B板直向互研,如图5.21(a)所示,然后采用粗刮刀分别对A、B板进行互刮,刀迹可长些。当两板刮削面上显点均匀,且每25 mm × 25 mm面积有4~6个研点时,即表示A板与B板达到密合。

b.以A板为基准板,刮C板,对研方法如图5.21(b)所示,对研后刮C板(A板作为基准

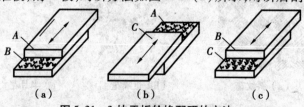

图5.21 3块平板轮换配研的方法

板),直到 C 板与 A 板达到密合。

c. B 板和 C 板互研互刮,对研方法如图 5.21(c)所示,对研后分别对 B、C 板进行刮削,直至 B、C 板达到密合为止。

d. 以 B 板为基准板,刮 A 板,达到密合;

e. A 板与 C 板互研互刮,达到密合;

f. 以 C 板为基准刮 B 板,达到密合;

g. A 板与 B 板互研互刮,达到密合。

按以上步骤,重复循环刮削,直至满足平板的加工精度为止。

为防止平板发生纵横起伏,导致出现平面扭曲现象,在选择平板研合方法时,通常是第一阶段选用直向研点法。第二阶段选用横向研点法,第三阶段选用对角研点法(即将上面一块研刮平板旋转45°)。

③细刮和精刮。原始平板的细刮和精刮的方法与平面刮削相同。经精刮后,须对平板作平面度误差及表面粗糙度的检验。

(4)刮削精度检测

精度检测主要是平面度误差和表面粗糙度值的检测。

1)平面的检测

主要是检测平面度误差和表面粗糙度值的检测。

①平面度误差的检测方法

a. 用研点的数目来表示,如图 5.22(a)所示,最常用的检测方法,是用边长的 25 mm 的正方形方框罩在被检测面上,根据方框内的研点数来决定接触精度。

b. 用平面水平度来表示,对于大平面的工件用框式水平逐段测量,将各段测得的误差进行计算作图分析,对较小平面的工件用百分表测量,如图 5.22(b)所示。

②表面粗糙度的检测方法,表面粗糙度值的检测,一般用手掌触摸表面粗糙程度,对表面精度要求较高的工件,可采用轮廓仪来测量其 R_a 或 R_z 的值。

2)垂直面刮削的检测

垂直面刮削的检测,一般用直角尺或标准平尺进行检测,如图 5.23 所示,先将被测工件的基准及测量工具放置在标准平板上,然后移动工件的刮削面与测量工具接触。检测误差可用塞尺来测量出它们之间的间隙(即误差值),也可采用透光法,目测它们之间的光隙来判断其误差。

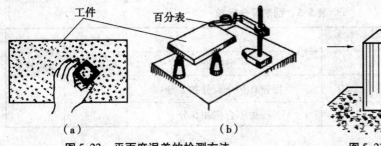

（a）　　　　　　　（b）

图 5.22　平面度误差的检测方法

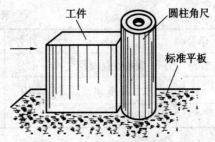

图 5.23　垂直面检测的方法

想一想

1. 在现代机械制造技术和加工手段如此先进的今天,刮削还有存在的意义吗?
2. 怎样对刮削质量进行检查?

5.1.4　工件刮削加工工艺及评分标准

（1）准备工作

①仔细对照加工图和毛坯,检测刮削面的余量是否合适（一般控制为 0.05 ~ 0.04 mm）。

②根据加工图的要求,准备合适的校准平板、刮刀、油石、红丹粉等刮削工具和显示剂。

③25 mm 标准方框和百分表。

（2）刮削加工工艺

①按照图 5.1 的要求,采用平面刮削的操作方法和步骤进行刮削。

②先刮削 B 面,按照粗、精、细的刮削步骤进行刮削,通过反复检测和修刮,达到 25 mm × 25 mm 面积内均匀分布的研点 20 个以上,形位公差符合图示要求。

③刮削 B 面对面,方法同上。

⚠ 注意事项

1. 刮削前,工件的锐边应倒角,防止伤手。
2. 工件放置的高低,要根据操作者身高而定。
3. 工件要装夹牢固。
4. 刮削至工件边缘时,不要用力过猛。
5. 刮削过程中,不允许打闹和玩笑。
6. 刮削结束后,要将刮刀包裹好并妥善放置。

（3）评分标准

表 5.3 为刮削评分标准。

表 5.3　刮削评分标准

学号		姓名			总得分	
序号	质量检查内容	配分	评分标准		自我评分	教师评分
1	尺寸公差 $38^{\ 0}_{-0.02}$	10	每超 0.01 mm 处扣 2 分			
2	位置公差 $\perp$ 0.01 A	10	一处不合格扣 5 分			

续表

学号			姓名		总得分	
序号	质量检查内容	配分	评分标准		自我评分	教师评分
3	刮削质量	40	25 mm方框内,每少1个点扣2分			
4	表面粗糙度	10	一处不符合要求扣5分			
5	工具使用正确	10	发现不正确一次扣2分			
6	操作姿势正确	10	发现不正确一次扣2分			
7	安全文明生产	10	酌情扣分			

(4)刮削常见的废品形式及产生原因

表5.4为刮削常见的废品形式及产生原因。

表5.4 刮削常见的废品形式及产生原因

废品形式	产生原因
深凹痕	1.粗刮时用力不均匀,局部落刀太重。 2.多次刀痕重叠。 3.刀刃圆弧过小。
梗痕	刮削时用力不均匀,使刃口单面切削。
撕痕	1.刀刃不光洁、不锋利。 2.刀刃有缺口或裂纹。
起刀或落刀痕	1.起刀不及时。 2.落刀时左手压力和动作速度较大。
振痕	多次同向切削,刀迹没有交叉。
划道	1.显示剂不清洁。 2.研点时有砂粒、切屑等杂物。
刮削面精度不高	1.研点时压力不均匀,工件外露太多出现假点。 2.研具本身不正确。 3.研点时放置不平稳。

 想一想

1.刮削面上出现有规则波纹的原因是什么?

2.刮削面上出现深浅不一的直线的原因是什么?

●自我总结与点评

1.对自己加工工件进行自测及评分。

2.自我总结在操作过程中的不足之处,怎样改进?

3.操作完毕,整理工作用具,并做好维护保养,清洁工作环境。

●思考练习题

1.刮削的加工特点及在加工中的实际应用情况。

2.刮刀的种类及刮削操作要领、方法。

3.刮削操作时的安全及注意事项。

●技能训练题

按照图5.1进行刮削加工技能训练。

5.2 研 磨

5.2.1 学习目标

(1)知识目标

明确研磨原理、种类,研具材料及其应用特点;熟悉研磨剂的组成。

(2)技能目标

掌握典型研磨面的研磨、检验方法。

5.2.2 任务描述

本次任务是对本项目刮削加工后的 V 形块,按图5.1所示要求对相关表面进行研磨加工,并达到图纸要求。

5.2.3 相关知识

(1)概述

用研磨工具和研磨剂,从工件表面研去一层极薄金属表面层的精加工方法称为研磨。

1)研磨的作用

①可提高工件精度。研磨是一种高精度的加工方法,与其他加工方法相比较,经过研磨加工后的表面粗糙度值最小。一般情况下,研磨能达到的表面粗糙度为 R_a0.16 ~ 0.012 μm;尺寸精度可达 IT6 以上。常用的工艺装备(如各种精加工刀具、精密量具和夹具)

的制造和修复一般都须采用研磨加工。

②可改进工件的几何形状,使工件形状更准确。用一般机械加工方法产生的形状误差,都可以通过研磨的方法校正。而且还能使零件的耐磨性、抗腐蚀性和疲劳强度都相应提高,延长使用寿命。

2)研磨的原理

研磨加工的原理是物理和化学的综合作用。

研磨时,由于研具材料比被研工件软,研磨剂中的微小颗粒(即磨料)在研具表面形成无数刀刃,对工件产生挤压和微量切削作用,均匀地从工件表切去一层极薄的金属(这是研磨原理中的物理作用)。

有的研磨剂还起化学作用,在研磨过程中,研磨表面与空气接触,很快形成一层氧化膜(化学作用),而又不断被研磨掉(物理作用)。如此反复,借助研具的精确型面,使工件得到准确的形状、精确的尺寸和较高的表面粗糙度。

3)研磨余量

研磨余量大小应根据工件尺寸大小和精度要求而定。由于研磨属于微量切削,也往往是工件的最后一道超精加工工序,通常研磨余量控制在 0.005 ~ 0.03 mm 比较适宜。

想一想

研磨为什么能使工件的尺寸精度、形位精度提高?

(2)研磨工具和材料

1)研磨工具

研磨工具(研具)是用于放置研磨剂,并在研磨过程中决定工件表面几何形状的标准工具。

①研具材料及其应用。研具材料应满足如下技术要求:材料的组织要细致均匀;要有很高的耐磨性和稳定性;要有较好的嵌存磨料的性能;工作面硬度应比工件表面的硬度稍软。因此,须合理选择研具材料。常用的研具材料的种类、特点及应用见表5.5。

表5.5 常用的研具材料的种类、主要性能及用途

研具材料	性 能	用 途
铸 铁	耐磨性良好,硬度适中,研磨剂涂布均匀。	通用。
球 铁	易嵌存磨料,并嵌的均匀、牢固、耐用。	通用。
低碳钢	韧性好,不易折断。	小型研具,适用粗研,不适用制造精密研具。
铜合金	质软,易被磨料嵌入。	适用于粗研或低碳钢件研磨。
皮革、毛毡	柔软,对研磨剂有较好的保持性能。	抛光工件表面。
玻 璃	脆性大,一般要求 10 mm 厚度。	精研或抛光。

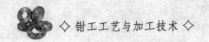

②研具的类型

a.研磨平板。主要用来研磨平面,如研磨块规、精密量具的平面等。有时也可用来对外圆柱或外圆锥形工件进行抛光加工。它分为光滑和有槽的两种,如图 5.24 所示。有槽的用于粗研,研磨时易于将工件压平,可防止将研磨面磨成凸弧面;精研则应在光滑的平板上进行。

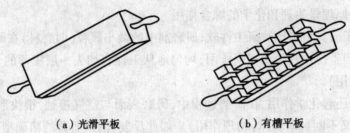

（a）光滑平板　　　　　（b）有槽平板

图 5.24　研磨平板

b.圆柱形或圆锥形研具。圆柱形和圆锥形研具可分为固定式(如图 5.25 所示)和可调式(如图 5.26 所示)两种。根据被研磨工件的几何形状,又可分为外圆研具和内孔研具。

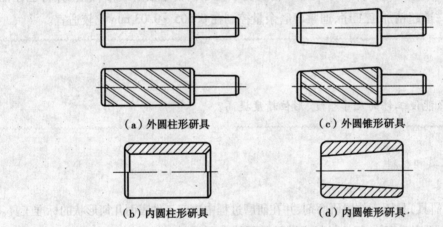

（a）外圆柱形研具　　　　　（c）外圆锥形研具

（b）内圆柱形研具　　　　　（d）内圆锥形研具

图 5.25　固定式圆柱和圆锥形研具

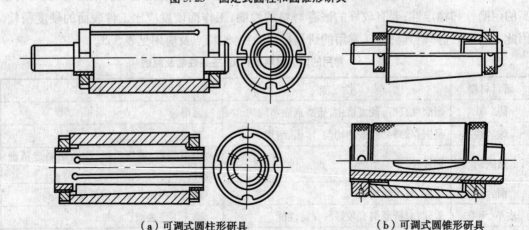

（a）可调式圆柱形研具　　　　　（b）可调式圆锥形研具

图 5.26　可调式圆柱和圆锥形研具

圆柱形和圆锥形研具主要用于研磨工件的内外圆柱面和内外圆锥面。

c.异形研具(特殊研具)。异形研具(如图 5.27 所示)是根据工件被研磨面的几何形状而专门设计制造的一种特殊研具。

为降低加工成本,对异形几何形状表面工件的研磨,有时采用各种形状的油石作为研具。

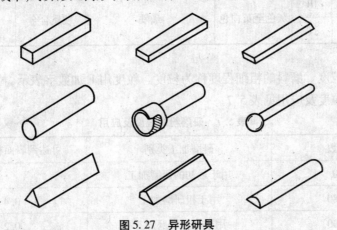

图 5.27　异形研具

2)研磨剂

是由磨料、研磨液及辅助材料混合而成的混合剂。

①磨料。

a.磨料在研磨中起切削作用,研磨的工作效率、工件精度和表面粗糙度,都与磨料有密切的关系。常用的磨料有三大类,见表5.6。

表 5.6　磨料的种类、特征及用途

系　列	磨料名称	代号	颜　色	特　性	用　途	
					工件材料	应用范围
氧化铝系	棕刚玉	A	棕褐色	比碳化硅稍软,韧性高,能承受很大压力	钢	粗研磨(要求不高时,也可做精研磨)
	白刚玉	WA	白色	切削性能优于棕刚玉,而韧性稍低		
	铬钢玉	PA	浅紫色	韧性较高		
	单晶刚玉	SA	透明无色	多棱、硬度大、强度高		
碳化硅系	黑碳化硅	C	黑色半透明	比刚玉硬、性脆而锋利	铸铁、青铜、黄铜	粗研磨(要求不高时,也可作为精研磨)
	绿碳化硅	GC	绿色半透明	较黑碳化硅性硬而脆		
	碳化硼	BC	黑色	比碳化硅硬而脆	硬质合金、硬铬	粗研磨、精研磨

续表

系列	磨料名称	代号	颜色	特性	用 途	
					工件材料	应用范围
金刚石系	人造金刚石	JR	灰色至黄白色	最硬	硬质合金	粗研磨、精研磨
	天然金刚石	JT		最硬		

b. 研磨粉的粒度。磨料的粗细程度称为粒度。粒度用 F 加数字表示,粒度号越大,磨粒就越细。研磨粉粒度及应用见表 5.7。

表 5.7 研磨粉的粒度及应用

研磨粉号数	研磨加工类别	可达到表面粗糙度 $R_a / \mu m$
F4 ~ F220	用于最初的研磨加工	~ 0.4
F220 ~ F280	用于粗研磨加工	0.4 ~ 0.2
F280 ~ F400	用于半精研磨加工	0.2 ~ 0.1
F500 ~ F800	用于精研磨加工	0.1 ~ 0.05
F1000 ~ F1200	用于抛光、镜面研磨	0.025 ~ 0.01

②研磨液。研磨液在研磨中起调和磨料、冷却和润滑的作用。研磨液分固态和液态两种,有些研磨液能与磨料等发生化学反应,用以加速研磨过程。研磨液的种类及作用见表 5.8。

表 5.8 研磨液的种类及作用

类 别	名 称	在研磨中所起的作用
液体	煤油	煤油在研磨中,润滑性能好,能粘吸研磨剂。
	汽油	稀释性能好,能使研磨剂均匀地吸附在平板及研磨工具上。
	机油	润滑性能好,粘吸性能好。
固体	硬脂酸	能使零件与平板或研磨工具之间产生一层极薄且较硬的润滑油膜。
	石蜡	
	脂肪酸	

 想一想

1. 研磨工具工作面硬度为什么比工件表面的硬度稍差?

2. 如何根据研磨加工要求选用研磨磨料?

（3）研磨方法

研磨方法有手工研磨和机械研磨两种。手工研磨通常用于单件小批量研磨，而大批量的工件研磨一般采用机械研磨。研磨前应对工件进行修钝锐边、消除剩磁、检验预加工质量以及清洁杂物等准备工作。

1）平面研磨方法

手工研磨平面一般选用平板，粗研时选用有槽的平板，如图5.28（a）所示。半精研或精研选用光滑平板，如图5.28（b）所示。研磨V形面应选用整体式的V形研具，如图5.28（c）所示。

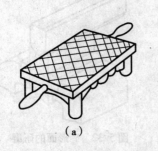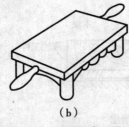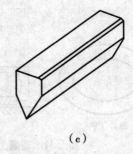

（a）　　　　　　　　　　　　（b）　　　　　　　　　　　　（c）

图5.28　平面研磨研具

①一般平面的研磨。在平板表面均匀地涂上适量的研磨剂，再放上工件，对其做螺旋式（图5.29（a））、"8"字形（图5.29（b））、摆动直线形（图5.29（c））、直线形（图5.29（d））等轨迹的运动。

研磨过程中，边研磨边适量添加研磨剂，均匀涂在平板上，以增加润滑。同时，要选用适当的研磨速度并对工件施加一定压力；手工粗研时，往复速度40～60次/min，压力0.1～0.2 MPa；精研时，往复速度20～40次/min，压力0.01～0.05 MPa。同时，要注意使用平板的整个面积，以防止平板局部凹陷。

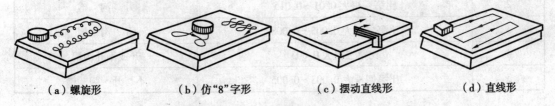

（a）螺旋形　　　　　（b）仿"8"字形　　　　　（c）摆动直线形　　　　　（d）直线形

图5.29　平面研磨方法

②狭窄平面的研磨。研磨狭窄平面时，应采用直线运动轨迹，如图5.30（a）所示，研磨时，要选用一个条形基准块，将工件紧贴基准块的垂直面一起研磨，研磨往复速度和压力与一般平面研磨相近。当接近加工要求时，可不再涂研磨剂。为了获得较细的表面粗糙度，最后可用脱脂棉浸煤油，把剩余磨料擦净，进行一次短时间的半干研磨。

如工件数量较多，则应采用C形夹头，将若干个工件夹在一起研磨，如图5.30（b）所示。如工件较薄，可采用将工件嵌入木块中进行研磨，如图5.31所示。

③V形面的研磨。先选择工件的一个侧平面，按平面研磨方法将该平面研磨平直后作为测量基准，然后再将工件固定不动进行研磨，如图5.32所示。

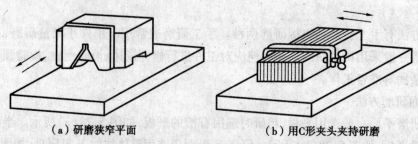

（a）研磨狭窄平面　　　　　　　（b）用C形夹头夹持研磨

图 5.30　狭窄平面的研磨

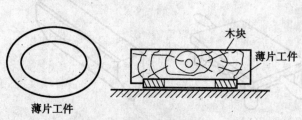

薄片工件

木块　薄片工件

图 5.31　较薄工件的研磨

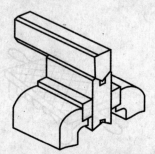

图 5.32　V形面的研磨

2）圆柱面和圆锥面的研磨

进行圆柱面和圆锥面的研磨时,固定式研具的外径或内孔尺寸需按工件的几何精度制作,对工件每一种规格的直径的研磨需备有 2~3 种研具。若要求比较高的孔,每组研具常达 5 种之多(如粗研 1 种、半精研 2 种,精研 2 种)。每组研具的直径可参考表 5.9。

表 5.9　整体式研具的直径差

序号	尺寸/mm	备注
1	比被研孔小 0.015	开 沟 槽
2	比第一根大 0.01~0.015	开 沟 槽
3	比第二根大 0.005~0.008	开 沟 槽
4	比第三根大 0.005	开或不开沟槽
5	比第四根大 0.003~0.005	不 开 沟 槽

①手工研磨。手工研磨工件内孔时,将研磨剂均匀涂在研具表面,工件固定不动,用手转动研具,同时做轴向往复运动,如图 5.33(a)所示。

手工研磨工件外圆时,将研磨剂均匀地涂在工件被研表面,研具固定不动,用手转动工件,使其作往复运动,如图 5.33(b)所示。

②机械配合手工研磨。研磨时,需配备机械设备。如图 5.34 所示,为一简易研磨机床结构图,也可用普通机床代替。

在研磨工件的外圆时,将研磨剂均匀地涂在外圆表面。通常采用工件转动,手拿研具套在工件上,施力做轴向往复运动,并稍做圆弧摆动,如图 5.35 所示。当研磨内孔时,则将研

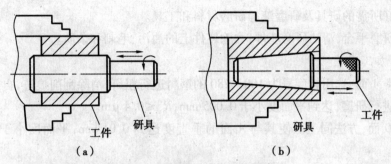

图 5.33　圆柱面和圆锥面的研磨

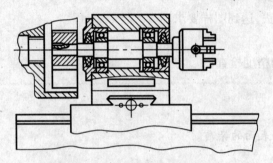

图 5.34　简易研磨机床结构图

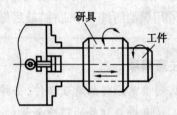

图 5.35　机械配合手工研磨

磨剂均匀地涂在研具外表面,而采用研具转动,工件套在研具上,使工件做轴向往复运动,同时稍做圆弧摆动。

研磨时,工件(或研具)的转动速度与直径大小有关,直径大,转速慢,反之,转速快。通常直径小于 $\phi50$ mm 时,取 100 r/min;直径大于 $\phi80$ mm 时,取 50 r/min。轴向往复速度应与转速协调,以条纹与回转轴线呈 45°~60°交叉时为宜,如图 5.36 所示。

（a）移动速度太慢

（b）移动速度太快

（c）移动速度适当

图 5.36　研磨速度

在研磨过程中,研磨轨迹是有规律好还是没有规律好? 为什么?

5.2.4　工件研磨加工工艺及评分标准

（1）准备工作

①仔细对照加工图纸和坯件,检查研磨坯件各部分尺寸余量及位置公差,对研磨加工顺序及余量做到心中有数。

②准备好所需的研具及研磨液等研磨材料和工具。

③清理研磨平台,清洁研磨坯件,去除坯件上的油污、毛刺和杂质。

(2)研磨加工工艺

①先研磨 A 面,选用粒度号为 100 ~ 280 的磨料进行粗研,消除刮削痕迹,再选用 W40 ~ W20 研磨粉进行研磨,达到平面度小于 0.005 mm, $R_a \leq 0.4$ μm。

②研磨 D 面,方法同上。使其与 A 面的垂直度达到 0.01 mm,平面度小于 0.005 mm, $R_a \leq 0.4$ mm。

③研磨 C 面,方法同上,达到图样要求。

④研磨 90°V 形面,采用直线研磨的方法,达到图样要求。

⑤研磨 120°V 形面,方法同④。

⑥用煤油清洗干净工件,最后做全面的精度检查。

⚠ 注意事项

1.研磨前应仔细清理坯件,去掉毛刺和表面的杂质。

2.认真检查坯件的研磨余量。

3.正确选择研磨剂,研磨时研磨剂要涂抹均匀。

4.合理选择研磨工艺方法。

(3)评分标准

表 5.10 为研磨评分标准。

表 5.10 研磨评分标准

学号			姓名		总得分	
序号	质量检查内容	配分	评分标准		自我评分	教师评分
1	60 ± 0.03	10	每超 0.01 mm 处扣 2 分			
2	$50_{-0.04}^{0}$	10	每超 0.01 mm 处扣 2 分			
3	平面研磨	15	一处不合格扣 3 分			
4	90° ±4′	15	位置公差一项不符合要求扣 3 分; 90° ±4′ 每超 1′扣 2 分			
5	120° ±4′	15	位置公差一项不符合要求扣 3 分; 90° ±4′ 每超 1′扣 2 分			
6	表面粗糙度	15	一处不合格扣 2 分			
7	工具使用正确	10	发现不正确一次扣 2 分			
8	操作姿势正确	5	发现不正确一次扣 2 分			
9	安全文明生产	5	酌情扣分			

（4）研磨时常见的废品形式及产生原因

表 5.11 为研磨时常见的废品形式及产生原因。

表 5.11　研磨时常见的废品形式及产生原因

废品形式	产生原因
表面粗糙	1.磨料过粗。 2.研磨液不当。 3.研磨剂涂得太薄。
表面拉毛	研磨剂中混入杂质。
平面成凸形孔口扩大	1.研磨剂涂得太厚。 2.孔口或边缘被挤出的研磨剂未被擦去就继续研磨。 3.研磨棒伸出孔口太长。
孔成椭圆或有锥度	1.研磨时没有更换方向。 2.研磨时没有调头研。
薄板件拱曲变形	1.工件表面过热。 2.装夹不正确引起变形。

想一想

1.研磨时工件表面粗糙度值较高的原因是什么？

2.研磨时工件孔圆柱度超标的原因有哪些？

●自我总结与点评

1.进行自评：从安全文明生产要求、操作规范及工艺方法方面进行自我评分。

2.实训课题结束，清理工、量具，并做好保养，工位的保洁工作。

●思考练习题

1.研磨在钳工加工中的应用？

2.研磨剂的作用及组成？

3.常用的研磨方法有哪些？

●思考练习题

按照图 5.1 进行研磨加工技能训练。

项目六

加工薄板工件

●项目目标

明确下料、矫正、弯曲、铆接的基本方法和操作要点；掌握弯曲毛坯长度、铆钉直径和长度的确定方法。

●项目任务概述

本项目是薄板工件的加工，如图 6.1 所示。按加工要求需要进行下料、矫正、弯曲、钻孔、铆接等工作，其中需要进行相关的计算。

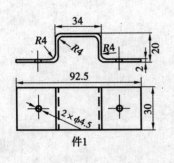
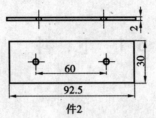
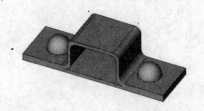

件1   件2

图6.1　项目六工件加工图

●材料及工量具准备

本项目所需材料：Q235 钢板。

本项目所需工量具：划针、钢直尺、划规、样冲、台虎钳、手锤、扁錾、锉刀、钻头、游标尺、压紧冲头、罩模、顶模、半圆头铆钉等。

●加工过程

表 6.1 为薄板工件的加工过程。

表 6.1　加工过程

序号	加工步骤	加工概述
1	下料	①确定坯料尺寸；②划线；③錾削下料件1、件2。
2	矫正	对件1、件2进行矫正。
3	锉削	对件1、件2进行锉削加工，达到图6.1所示要求。
4	弯曲	对件1进行弯曲，达到图6.1所示要求。
5	钻孔	①确定钻孔直径；②按图纸要求，将件1、件2进行配钻。
6	铆接	①确定铆钉直径和长度；②铆接操作。
7	清理	对工件清理，去除毛刺、飞边等，并做铆接质量检查。

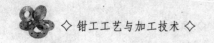

6.1 下 料

6.1.1 学习目标

（1）知识目标

明确薄板下料的方法。

（2）技能目标

掌握小尺寸薄板的手工下料操作技能。

6.1.2 任务描述

本次任务是将所给材料按图纸尺寸要求进行下料。下料前需要对坯件毛坯长度进行计算，以确保弯曲后达到图样要求。

6.1.3 相关知识

（1）中性层概念

钢板弯曲前后的情况，如图6.2所示。弯曲部分的外层材料因受拉而伸长，内层材料因受压而缩短，中间有一层材料弯曲前后长度不变，称为中性层。

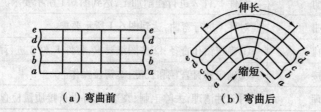

（a）弯曲前　　　　　　（b）弯曲后

图6.2　钢板弯曲前后的情况

中性层的位置一般都不在材料厚度的中间，而是取决于材料变形半径 r 和材料厚度 t 的比值 r/t，见表6.2。

表6.2　弯曲中性层位置系数 $X_。$

r/t	0.25	0.5	0.8	1	2	3	4	5	6	7	8	10	12	14	≥16
$X_。$	0.2	0.25	0.3	0.35	0.37	0.4	0.41	0.43	0.44	0.45	0.46	0.47	0.48	0.49	0.50

①当材料的厚度 t 一定时，比值 r/t 越小，则中性层位置系数 X_o 也越小。中性层越靠近内曲面，工件外弯曲金属受到的拉伸应力也就越大。当拉伸应力超过材料的抗拉强度时，工件外弯曲材料将会失效。因此，r/t 存在一极小值。材料不同，极小值 $(r/t)_{min}$ 值也不同，可参考有关资料确定。

②当弯曲半径 $r > 16t$ 时，中性层在材料厚度的中间。为简化计算，一般可认为当 $r/t \geqslant 5$ 时，即可按 $X_o = 0.5$ 计算。

（2）弯曲前毛坯长度计算

弯曲的形式有多种，如图 6.3 所示，为常见的几种弯曲形式。图中（a）、（b）、（c）为内面带圆弧的制件，（d）是内面为直角的制件。

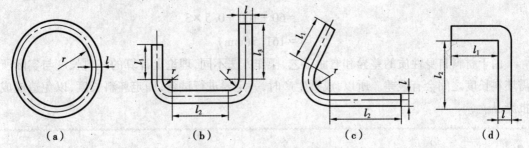

（a）　　　　　　（b）　　　　　　（c）　　　　　　（d）

图 6.3　常见的弯曲形式

弯曲前毛坯计算可按以下步骤进行：

①将工件复杂弯曲形状分解成几段简单的几何曲线和直线。

②计算 r/t 值，按表 6.1 查出中性层位置系数 X_o 值。

③按中性层分别计算出各段几何曲线的展开长度。

④各简单曲线的展开长度和直线长度之和即为毛坯的展开长度。

⑤弯曲毛坯圆弧中性层长度计算公式：

$$A = \pi(r + X_o t)\frac{\alpha}{180°}$$

式中　A——圆弧部分的长度，mm；

　　　r——内弯曲半径，mm；

　　　X_o——中性层位置系数；

　　　t——材料厚度，mm；

　　　a——弯曲角（即弯曲中心角。整圆弯曲时，$\alpha = 360°$；直角弯曲时，$\alpha = 90°$）。

内面弯曲成不带圆弧的直角制件，求毛坯长度时，可按弯曲前后毛坯体积不变的原理计算，一般采用经验公式计算，取 $A = 0.5t$。

例 6.1　将厚度 $t = 4$ mm 的钢板坯料弯曲成图 6.3（c）所示的制件，弯曲角 $\alpha = 120°$，内面弯曲半径 $r = 16$ mm，边长 $L_1 = 60$ mm，$L_2 = 120$ mm，求坯料长度 L 是多少？

解：（1）$L = L_1 + L_2 + A$

　　　（2）$r/t = 16/4 = 4$ 查表 6.1 得出 $X_o = 0.41$

$$(3) A = \pi(r + X_o t)\alpha/180°$$
$$= 3.14 \times (16 + 0.41 \times 4) \times 120°/180°$$
$$= 36.93 (\text{mm})$$

$$(4) L = 60 + 120 + 36.93 = 216.93 (\text{mm})$$

例 6.2 把厚度 $t = 3$ mm 的钢板坯料,弯曲成图 6.3(d)所示的制件,$L_1 = 60$ mm,$L_2 = 100$ mm,求坯料长度。

解:因为是内面为直角的弯曲制件,所以

$$L = L_1 + L_2 + A$$
$$= L_1 + L_2 + 0.5t$$
$$= 60 + 100 + 0.5 \times 3$$
$$= 161.5 (\text{mm})$$

由于材料自身性质的差异和弯曲工艺、操作方法不同,理论上计算的坯料长度与实际所需坯料长度之间会有误差。所以,成批生产时,一定要进行试弯,确定坯料长度,以免造成成批废品。

想一想

为保证工件准确的外形尺寸,采取先将工件弯曲成形,再去除多余的材料的做法行吗?为什么?

6.1.4　工件下料加工工艺及评分标准

(1)准备工作

①按图样要求,计算出制件的坯件长度。

②准备好下料所需工具、量具。

③在坯件材料上按图样要求分别划出下料尺寸线。

(2)下料加工工艺

由于本项目坯件为小尺寸薄板件,可在台虎钳上进行錾削下料,如图 6.4(a)所示,用扁錾沿钳口自右向左成45°方向錾削。由于坯件材料为 2 mm,也可按如图 6.4(b)所示方法錾削下料。

其下料工艺过程为:

①计算件 1 的坯料长度:

$$L = L_1 + L_2 + L_3 + L_4 + L_5 + 4A \approx 130.5 (\text{mm})$$

根据图 6.1 所示要求,在坯料长宽方向各留1 mm加工余量,即件 1 坯料尺寸取131.5 mm × 31 mm;件 2 坯料尺寸取 93.5 mm × 31 mm。

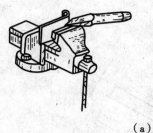 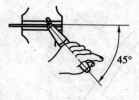 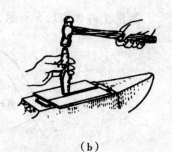

（a）　　　　　　　　　　　　　　　　　　　　（b）

图 6.4　錾削板料

②划线。

③下料。在虎钳上按图 6.4(a)所示方法进行件 1、件 2 坯件的下料。

⚠ **注意事项**

1. 工件的切断尺寸线要与钳口平齐,确保下料尺寸。

2. 夹持要牢固,防止在切断过程中板料松动而使切断线歪斜。

（3）评分标准

表 6.3 为下料评分标准。

表 6.3　下料评分标准

学号			姓名		总得分	
序号	质量检查内容	配分		评分标准	自我评分	教师评分
1	件 1:131.5 mm × 31 mm	30		每超 1 mm 扣 5 分		
2	件 2:93.5 mm × 31 mm	30		每超 1 mm 扣 5 分		
3	装夹正确	20		发现不正确一次扣 5 分		
4	正确使用工具	10		发现一次不正确扣 2 分		
5	操作姿势正确	10		发现一次不正确扣 2 分		
6	安全文明生产			酌情扣分		

● **自我总结与点评**

1. 自我评分,自我总结操作是否正确,安全文明实训方面的情况。

2. 操作完毕,整理工位,做好工、量具的清洁和保养工作。

● **思考练习题**

1. 弯曲操作中,中性层位置受哪些因素的影响?

2. 如图 6.3(b)所示,已知坯件直径为 8 mm,$r = 40$ mm,$L_1 = 60$ mm,$L_2 = 80$ mm,$L_3 = 110$ mm,求制件的毛坯长度。

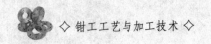

3.弯曲工件如图6.5所示,求其毛坯长度。

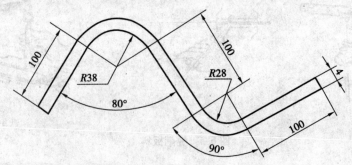

图6.5　计算弯曲工件的毛坯长度

●技能训练题

按图6.1进行下料技能训练。

6.2　矫正、弯曲

6.2.1　学习目标

(1)知识目标

明确矫正、弯曲的基本知识。

(2)技能目标

掌握矫正、弯曲的常用方法及操作要点。

6.2.2　任务描述

本次任务是将本项目图6.1中下料的坯件进行矫正,并按如图6.1所示要求进行弯曲。

6.2.3　相关知识

(1)矫正

1)概述

材料或制品由于制造、运输或保存不当,会造成弯曲、扭曲、凹凸不平等变形,消除这些变形的加工方法,称为矫正。

金属材料的变形分为弹性变性和塑性变形两种。当外力去除后,变形消失,称为弹性变形;仍保持部分变形的称为塑性变形。矫正是针对塑性变形而言,所以只有塑性好的材料,才能进行矫正。

在矫正过程中,材料受到锤击、弯形等外力作用,使内部晶格组织发生了变化,造成硬度提高、塑性降低,这种现象称为冷作硬化。它将给继续矫正或下道工序的加工带来困难。必要时应进行退火处理,使材料恢复原来的机械性能。

矫正分为手工矫正和机械矫正,这里主要介绍手工矫正。

2)矫正方法

①扭转法。对工件施以扭矩,使之产生扭转变形,从而达到矫正的目的,如图6.6(a)所示,一般是将条料夹持在台虎钳上,用扳手把条料向变形的相反方向扭转到原来的形状。如图6.6(b)所示,为扭转法矫正角铁的扭曲。

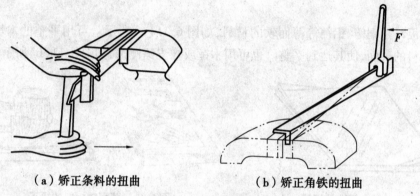

（a）矫正条料的扭曲　　　　　（b）矫正角铁的扭曲

图6.6　扭转法矫正

②伸张法。用拉力使线材产生沿长度方向的变形(拉伸变形),达到矫正蜷曲线材的目的。如图6.7(a)所示,其方法是将线材一头固定,然后在固定端让线材绕圆木一周,紧握圆木向后拉,使线材在拉力作用下绕过圆木得到伸张矫直;或如图6.7(b)所示,利用钳子进行矫正。

③延展法。用手锤敲击材料的适当部位,使之局部伸长和展开,以达到矫正复杂变形的目的。

a.薄板中间凸起,如图6.8所示,是由于材料变形后局部变薄引起的。矫正时可锤击板料的边缘,使边缘处延展变薄,厚度与凸起部位的厚度愈接近则愈平整,图中箭头所指方向即锤击位置。锤击时,由里向外逐渐由轻到重,由稀到密。如果薄板上有相邻几处凸起变形,应先锤击凸起部位之间的地方,使几处凸起合并成一处,然后再用延展法锤击四周达到矫正。

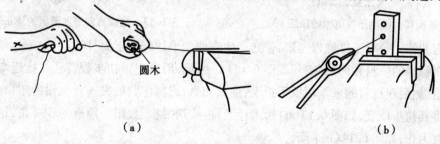

圆木

（a）　　　　　　　　　　（b）

图6.7　伸张法矫正

b. 如果薄板四周显波纹状,如图 6.9 所示,说明板料四周变薄伸长了。锤击时,锤击点应从中心向四周逐渐由重到轻,由密到稀;图中箭头所指方向即锤击位置,多次反复锤击,使板料达到平整。

图 6.8　中间凸起的矫正

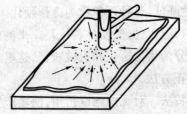

图 6.9　四周显波纹状的矫正

c. 如果薄板发生对角翘曲,如图 6.10 所示。应沿没有翘曲的另一对角线锤击,使其延展而矫平。

如果板料是铜箔、铝箔等薄而软的材料,如图 6.11(a)所示。可用平整的木块,在平板上推压材料的表面,使其达到平整。也可用木锤或橡皮锤锤击,如图 6.11(b)所示。

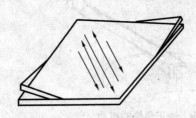

图 6.10　对角翘曲的矫正

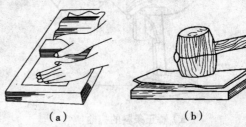

（a）　　　　　　　　　（b）

图 6.11　薄而软板料的矫正

如果薄板有微小扭曲,如图 6.12 所示,可用抽条从左到右或从右到左的顺序抽打平面,因抽条与板料接触面积大,受力均匀,容易达到平整。

如果条料在宽度方向上弯曲,如图 6.13 所示,先将条料的凸面向上放在铁砧上,锤打凸面,然后再将条料平放在铁砧上,锤击弯曲里面(弯形弧短面)材料,经锤击后使短边材料伸长,从而使条料变直。

图 6.12　微小扭曲薄板的矫正

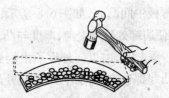

图 6.13　宽度方向弯曲薄板的矫正

④弯曲法。是对工件施以弯矩,使之产生弯曲变形达到矫正的目的。

对直径小的棒料和薄的条料,如图 6.14(a)所示,用台虎钳初步校直。在接近弯曲处夹入台虎钳,然后在材料的末端用扳手扳动,使其回直;或将弯曲处夹入台虎钳的钳口内,利用台虎钳将其初步压直,如图 6.13(b)所示;然后再放到平板上,用手锤进一步矫正,达到所要求的平直为止,如图 6.14(c)所示。

对直径大的棒料和厚的条料,如图 6.15 所示,常用压力机矫直。矫直前,把轴架在两块

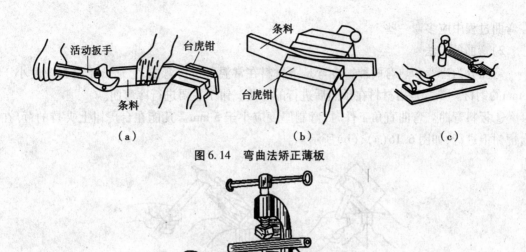

（a）　　　　　　　　（b）　　　　　　　　（c）

图 6.14　弯曲法矫正薄板

图 6.15　弯曲法矫正棒料

V 形架上,将轴转动,找出其弯曲处,让压力机压块压在轴的弯曲凸起处,使其恢复平直。用百分表检查轴的矫正情况,边矫正,边检查,直到符合要求。

 想一想

1.矫正工作可以在脆性材料上进行吗? 为什么?

2.对于薄板材料为什么不能直接敲击凸出部分?

3）矫正工具

①矫正平板和铁砧。平板可用作矫正大面积板料或工件的基座;铁砧是用于敲打条料或角钢的砧座。

②软、硬手锤。软手锤(铜锤、木锤、橡胶锤等)用于矫正已加工过的表面、薄钢件、有色金属制件;硬手锤(如钳工手锤、方头手锤)用于矫正一般材料、毛坯等。

③V 形块、压力机。用于矫正较长或较大的轴类、棒类零件。

④抽条和拍板。抽条是用条状薄板弯成的简易工具,用于抽打较大面积的薄板料。木方条是用质地较硬的檀木制成的专用工具,主要用于敲打板料。

⑤检验工具。平板、刀口形直尺、90°角尺、百分表等,用于矫正后材料、工件的测量和检验。

（2）弯曲

1）概述

弯曲是指将坯料弯成所需形状的加工方法。弯曲是利用材料的塑性变形进行的,因此只有塑性较好的材料才能进行弯曲。

弯曲虽然是塑性变形,但也有弹性变形存在,因此为抵消材料的弹性变形或回弹现象,

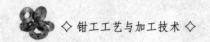

在弯曲过程中应多弯一些。

2)弯曲的方法

弯曲分为冷弯和热弯两种。冷弯是指材料在常温下进行弯曲,它适合于材料厚度小于5 mm的钢材。热弯是指材料在预热后进行的弯曲。钳工主要进行冷弯曲。

①板料弯曲。弯曲直角工件时,弯制厚度应小于5 mm。凡能在台虎钳上夹持的,可在台虎钳上进行,如图6.16(a)、(b)所示。

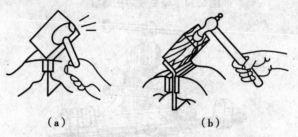

（a）   （b）

图6.16　板料角度弯曲的方法

弯曲较宽或长度超过钳口深度的板料,无法在台虎钳上夹持时,可用角铁制成的夹具来夹持工件进行弯曲,如图6.17(a)所示,或者用简单的成型模来弯曲,如图6.17(b)所示。

·（a）   （b）

图6.17　利用工具弯曲角度的方法

弯曲各种多直角形工件。可用木垫或金属作辅助工具进行弯曲,其加工步骤如图6.18所示。

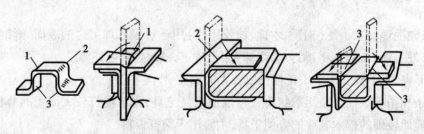

图6.18　多直角形工件的弯曲方法

弯曲圆弧形工件。在材料上划好弯曲尺寸线,按尺寸线夹在台虎的两块角铁衬垫里,用方头手锤的窄头进行锤击,按图6.19所示步骤成型并进行修整,使形状符合要求。

弯曲圆弧和角度结合的工件,如图6.20所示。在狭长的板料上划好弯形线,加工两端圆弧和孔:首先,按划线将工件夹在台虎钳的衬垫内,然后弯好两端1、2处;最后在圆钢上弯工件的圆弧3。

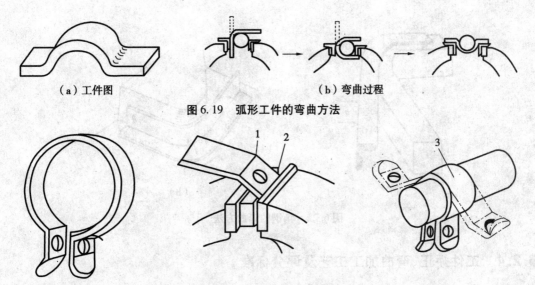

（a）工件图　　　　　　　　　（b）弯曲过程

图 6.19　弧形工件的弯曲方法

图 6.20　圆弧和角度结合工件的弯曲方法

②管子弯曲。通常孔径小于 12 mm 的管子用冷弯,孔径大于 12 mm 的管子用热弯。为避免弯形部分发生凹瘪,弯曲前须在管内灌满干黄砂,并用木塞塞紧,如图 6.21(a)所示。冷弯管子一般在弯管工具上进行,弯管工具的结构,如图 6.21(b)所示。操作时,将管子插入转盘和靠铁的圆弧槽内,调整好靠铁的位置,套入钩子,按所需的弯形位置,拨动手柄,使管子跟随手柄弯到所需的角度。

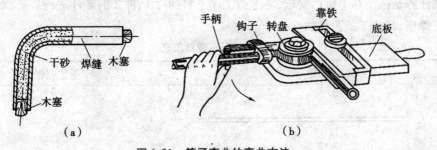

（a）　　　　　　　　　　　　（b）

图 6.21　管子弯曲的弯曲方法

③角钢的弯曲。角钢的弯曲分为角钢边向里弯曲和向外弯曲两种。

角钢边向里弯圆方法如图 6.22(a)所示。将角钢在 a 处与型胎夹紧,敲击 b 处使之贴靠型胎,将其与型胎夹紧。矫正 c 处起皱凸起处,使 c 处多余材料均匀排到角钢边。

角钢向外弯圆方法,如图 6.22(b)所示。在 d 处与型胎夹紧,敲击 e 处,使其紧贴型胎并夹紧。在弯形过程中,必须在 f 处不断敲击,使材料延展,以防止 f 翘起或发生开裂。

 想一想

1.弯曲材料时,为什么要比规定弯曲角度多弯一些?

2.弯曲时超过最小弯曲半径会有什么危害?

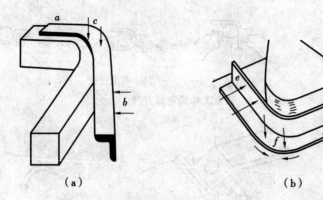

（a）　　　　　　　　　　　（b）

图 6.22　角钢的弯曲方法

6.2.4　工件矫正、弯曲加工工艺及评分标准

（1）准备工作

①清理坯件,除去毛刺。

②对照图纸尺寸和形状要求,检查坯件余量是否足够。

③准备好所需的各种矫正、弯曲工具和辅具。

（2）矫正、弯曲加工工艺

本次任务是按图 6.1 所示要求,将上道工序下料的件 1、件 2 的坯件进行矫正,对件 2 进行弯曲的操作,其加工工艺见表 6.4。

表 6.4　矫正、弯曲工艺

序号	图　示	工艺过程
1	件1　130.5　30　2 件2　92.5　30　2	1. 在矫正平板或钻砧上分别对件 1、件 2 进行矫正,达到平面度等形状要求。 2. 在台虎钳上分别将件 1、件 2 锉削加工达到左图所示的尺寸及要求。

续表

序号	图　示	工艺过程
2	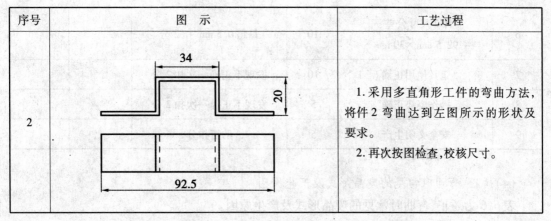	1. 采用多直角形工件的弯曲方法,将件2弯曲达到左图所示的形状及要求。 2. 再次按图检查,校核尺寸。

⚠ 注意事项

1. 操作前,要检查工具、辅具是否安装牢固,确保操作安全。

2. 操作时,持材料的手应戴手套。

3. 根据被加工材料的材质,选择材质接近或稍软的手锤进行矫正或弯曲加工。

4. 加工结束后,一定要检查件1、件2的相关尺寸,为下一课题作好准备。

(3)评分标准

表6.5为弯曲评分标准。

表6.5　弯曲评分标准

学号		姓名		总得分	
序号	质量检查内容	配分	评分标准	自我评分	教师评分
1	件1弯曲成型尺寸 公差(20±1)mm	15	每超1 mm扣3分		
2	件1弯曲成型尺寸 公差(34±1)mm	15	每超1 mm扣3分		
3	件1弯曲成型尺寸 公差(92.5±1)mm	20	每超1 mm扣2分		
4	件1宽度尺寸:30 mm	5	每超0.5 mm扣2分		
5	件1弯曲成型质量	15	发生扭曲、错位、偏斜等 成型缺陷,一处扣3分		

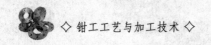

续表

6	件2尺寸公差：92.5 mm×30 mm	10	每超0.5 mm扣2分		
7	工具使用正确	10	发现不正确一次扣2分		
8	操作姿势正确	5	发现不正确一次扣2分		
9	安全文明生产	5	酌情扣分		

（4）矫正、弯曲时常见的废品形式及产生原因

表6.6为矫正、弯曲时常见的废品形式及产生原因。

表6.6 矫正、弯曲时常见的废品形式及产生原因

废品形式	产生原因
工件表面留有麻点或锤痕	1.锤击时手锤歪斜，手锤的边缘和工件材料接触。 2.锤面不光滑。 3.对加工过的表面或有色金属矫正时，用硬锤直接锤击等。
工件断裂	1.矫正或弯曲过程中多次折弯，破坏了金属组织。 2.塑性较差，r/t值过小，材料发生较大的变形等。
工件弯斜或尺寸不准确	1.夹持不正或夹持不紧，锤击偏向一边。 2.用不正确的模具，锤击力过重等。
材料长度不够	弯曲前毛坯长度计算错误。
管子熔化或表面严重氧化	管子热弯温度太高。
管子有瘪痕或焊缝裂纹	1.没有灌满。 2.弯曲半径偏小，重弯使管子产生瘪痕。 3.管子焊缝没有在中性层位置上。

 想一想

1.工件经过多次弯曲后为什么容易断裂？

2.用棒料弯曲一圆环，内径偏小的原因有哪些？

●自我总结与点评

1.自我小结，对矫正、弯曲知识和操作技能的掌握情况。

2.自我总结安全操作，文明生产情况。

3. 操作结束,整理工作位置;清理所用工量具,做好清理保养工作。

 ●**思考练习题**

1. 矫正、弯曲在钳工生产作业中的应用。

2. 矫正、弯曲常用的工具有哪些?

3. 矫正、弯曲有哪些常用的方法?

●**技能训练题**

按图6.1进行矫正、弯曲技能训练。

6.3　铆　接

6.3.1　学习目标

(1)知识目标

明确铆接的种类、形式及其应用。

(2)技能目标

掌握铆钉直径、长度的确定方法以及铆接方法。

6.3.2　任务描述

本次任务是将本项目图6.2矫正、弯曲后的件1、件2,按图6.1所示要求进行铆接加工。

6.3.3　相关知识

(1)概述

用铆钉将两个或两个以上的工件组成不可拆卸的连接称为铆接,如图6.23所示。

目前,在很多结构件连接中,铆接已逐渐被焊接、粘接所代替。但因铆接具有操作方便,连接可靠等特点,所以在机器、设备、工具制造中仍应用较多。铆接尤其适用于受严重冲击或振动载荷的金属结构,以及一些不便焊接的金属的连接(不同金属之间及铝合金等)。

铆接分为手工和机械铆接两种,这里只介绍手工铆接。

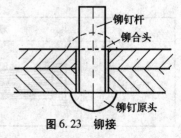

图6.23　铆接

(2)铆接的种类

按照使用要求不同,铆接分为活动铆接和固定铆接。

①活动铆接又称为铰链铆接,是指铆接部分间可以相对转动的铆接。如剪刀、钢丝钳、手用钳、划规等工具的铆接。

②固定铆接是指铆接部分不能相对运动的铆接。按用途和工作要求又可分为:

a.强固铆接。适用于需要高强度的钢结构连接,如桥梁、车辆、屋架等。

b.紧密铆接。适用于低压容器及各种流体管路的铆接。这类铆接的铆钉小、排列紧密,铆缝中常夹有橡胶或其他填充料,以防泄漏。这类铆接非常紧密,但不能承受大的压力。

c.强密铆接。适用于高压力容器(如蒸汽锅炉等),它既承受巨大压力,又要保持紧密的结合。

想一想

观察一下,在实际工作中哪些连接属于活动铆接和固定铆接。

(3)铆接的形式

铆接的形式主要有3种。

①搭接。是最简单的一种铆接形式,如图6.24(a)所示。

②对接。分为单盖板对接和双盖板对接,如图6.24(b)所示。

③角接。分为单角钢角接和双角钢角接,如图6.24(c)所示。

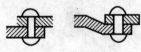  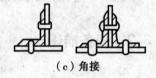

(a)搭接　　　　　　　(b)对接　　　　　　　(c)角接

图6.24　铆接的形式

(4)铆钉及铆接工具

1)铆钉

按材质不同可分为钢质、铜质、铝质铆钉等;按形状又分为平头、半圆头、沉头、半圆沉头、管状空心和皮带铆钉等。其种类、形状与应用见表6.7。

表6.7　铆钉的种类、形状与应用

名　称	形　状	应　用
平头铆钉		铆接方便,应用广泛,常用于一般无特殊要求的铆接中,如铁皮箱盒、防护罩壳以及其他结合件。

续表

名　　称	形　　状	应　　用
半圆头铆钉		应用广泛,常用于钢结构的屋架、桥梁、车辆、起重机等。
沉头铆钉		应用于框架等制品表面要求平整的地方,如铁皮箱柜的门窗,以及一些手用工具等。
半圆沉头铆钉		用于有防滑要求的地方,如踏脚板和走路梯板等。
管状空心铆钉		用于在铆接处有空心要求的地方,如电器部件的铆接等。
皮带铆钉		用于铆接机床制动带以及毛毡、橡胶、皮革材料的制件等。

铆钉的标记,一般要标出直径、长度和国家标准序号。如铆钉 6 × 30 GB 867—86,表示铆钉直径为 6 mm,长度为 30 mm,国家标准序号为 GB 867—86。

2)铆接工具

①手锤。常用的有圆头和方头两类,最常用的一般为 0.5 ~ 1 kg 的圆头手锤。

②压紧冲头。如图 6.25(a)所示,用于将铆合板料相互压紧并贴合。

③罩模和顶模。如图 6.25(b)所示,罩模用于铆接时铆出完整的铆合头;顶模用于铆接时顶住铆钉原头。这样既利于铆接,又不至损伤铆钉原头。

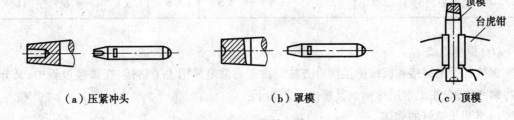

（a）压紧冲头　　　　　　（b）罩模　　　　　　（c）顶模

图 6.25　铆接工具

(5)铆钉直径、铆钉长度和铆接通孔直径的确定

1)铆钉直径的确定

铆钉直径的大小与被铆接的板料厚度有关,通常取铆接板厚的 1.8 倍。即 $d = 1.8t$(其

中:d 为铆钉直径,t 为铆接材料板厚)。标准铆钉的直径可参阅有关手册。

2)铆钉长度的确定

铆钉长度对铆接质量有较大的影响。铆钉的圆杆长度除铆接件厚度外,还必须留有作为铆合头的伸出长度,如图 6.26 所示。

铆钉所需长度

$$L = S + l$$

式中　S——铆接板料总厚度;

　　　l——铆钉伸出长度。

对于半圆头铆钉,其伸出长度取 $l = (1.25 \sim 1.5)d$;

对于沉头铆钉,其伸出长度取 $l = (0.8 \sim 1.2)d$。

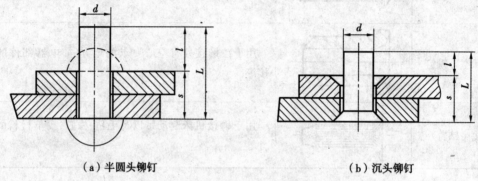

（a）半圆头铆钉　　　　　　　　　（b）沉头铆钉

图 6.26　铆钉尺寸的计算

3)铆接通孔直径的确定

铆接时,通孔直径的大小应随着连接要求不同而有所变化。如孔径过小,使铆钉插入困难;孔径过大,则铆合后的工件容易松动。合适的通孔直径应按表 6.8 选取。

表 6.8　标准铆钉直径及通孔直径(GB 152—76)

公称直径/mm		2.0	2.5	3.0	4.0	5.0	6.0	8.0	10.0
通孔直径/mm	精装配	2.1	2.6	3.1	4.1	5.2	6.2	8.2	10.3
	粗装配	2.2	2.7	3.4	4.5	5.6	6.6	8.6	11

(6)铆接方法

铆接有手工铆接和机械铆接两种方法。钳工通常是采用手工铆接;在铆接过程中,又分为冷铆和热铆;钳工常用冷铆。其铆接工艺如下:

1)半圆头铆钉的铆接

如图 6.27 所示,其操作步骤为:

①把铆接工件互相贴合紧密;

②划线并钻孔,孔口倒角;

③将铆钉插入孔内;

④用压紧冲头压紧板料,如图6.27(a)所示;

⑤用手锤镦粗铆钉伸出部分,使其初步成形,如图6.27(b)、(c)所示;

⑥用罩模修整,如图6.27(d)所示。

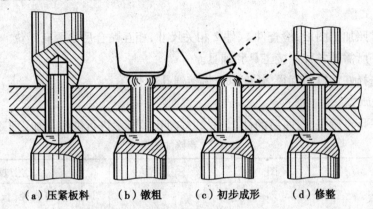

(a)压紧板料　　(b)镦粗　　(c)初步成形　　(d)修整

图6.27　半圆头铆钉的铆接过程

2)沉头铆钉的铆接

如图6.28所示,其操作步骤为:

①把铆接板料互相贴合紧密;

②划线钻孔,锪锥坑;

③插入铆钉;

④在正中镦粗面1、2;

⑤铆合面2;

⑥铆合面1;

⑦修出高出部分。

3)空心铆钉的铆接

如图6.29所示。其操作步骤为:

①把板料相互贴合紧密;

②划线钻孔,孔口倒角;

③插入铆钉;

④用样冲冲压,使铆钉孔口张开与板料

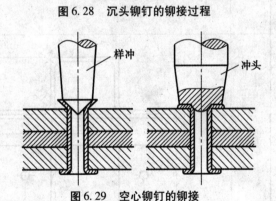

图6.28　沉头铆钉的铆接过程

孔口贴紧;

⑤用专用冲头将翻开的铆钉孔口与工件孔口贴平。

想一想

要完成铆接加工,需要哪些操作工艺技能?

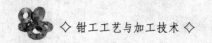

6.3.4 工件铆接加工工艺及评分标准

（1）准备工作

①仔细对照加工图纸，检查件1、件2相关尺寸，相互贴合后是否有错位。

②准备好所需的各种铆接工具和辅具。

③合理选择好铆钉的直径、长度以及铆接通孔直径。

（2）铆接加工工艺

本次任务是将矫正、弯曲后的件1、件2，按图6.1所示进行铆接。加工工艺见表6.9。

表6.9 铆接加工工艺

序号	图 示	工艺过程
1		确定铆钉直径、长度和铆接通孔直径： （1）铆钉直径：$d = 1.8t = 1.8 \times 2 = 3.6 \approx 4$ mm （2）铆钉长度：$L = S + l$ $l = (1.25 \sim 1.5)d = 1.25 \times 4 \sim 1.5 \times 4 = 5 \sim 6$ mm；$L = S + l = 4 + (5 \sim 6) = 9 \sim 10$ mm （3）铆接通孔直径：按表6.6，铆接通孔直径取4.5 mm。
2	R4 R4 20 2 2 92.5 30 60	（1）划线：在件1上划出铆接通孔直径加工中心线。 （2）配钻：将件1、件2配合平齐，紧密贴合在一起，钻出铆接孔2-ϕ4.5，孔口倒角。
3		（1）将铆钉插入铆接通孔。 （2）用压紧冲头压紧件1、件2。 （3）用手锤镦粗铆钉伸出部分，初步成形。 （4）用罩模修整，形成半圆铆合头。

⚠ 注意事项

1. 铆接时铆钉直径、长度和铆接通孔直径要计算正确,否则都会造成铆接废品。
2. 铆接板料间要贴合紧密。
3. 铆接操作要按规范要求进行。
4. 铆接过程中要注意操作安全。

(3)评分标准

表6.10为铆接评分标准。

表6.10　铆接评分标准

学号			姓名		总得分	
序号	质量检查内容	配分	评分标准		自我评分	教师评分
1	铆钉相关尺寸选择	30	铆钉直径、伸出长度和铆接通孔直径选择正确。错一处扣10分			
2	铆合头形状	20	酌情扣分			
3	铆接质量	30	件1、件2组合位置正确。发生偏移、错位、不齐整等情况,一处扣5分			
4	铆接操作方法正确	10	发现一次扣5分			
5	工具使用正确	5	发现一次扣5分			
6	安全文明生产	5	酌情扣分			

(4)铆接时常见的废品形式及产生原因

表6.11为铆接时常见的废品形式及产生原因。

表6.11　铆接时常见的废品形式及产生原因

废品形式	废品原因
铆合头偏歪	1. 铆钉太长。 2. 铆钉歪斜;铆钉孔没有对准。 3. 镦粗铆合头时不垂直。
铆合头不光洁或有凹痕	1. 罩模工作面不光洁。 2. 铆接时锤击力过大或连续锤击,罩模弹回时棱角碰在铆合头上。
半圆铆合头不完整	铆钉太短。

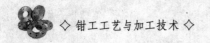

续表

废品形式	废品原因
沉头座没填满	1. 铆钉太短。 2. 镦粗时锤击方向和板料不垂直。
原铆钉头没有紧贴工件	1. 铆钉孔直径太小。 2. 孔口没有倒角。
工件上有凹痕	1. 罩模歪斜。 2. 罩模凹坑太大。
铆钉杆在孔内弯曲	1. 铆钉孔太大。 2. 铆钉杆直径太小。
工件之间有间隙	1. 工件板料不平整。 2. 板料没有压紧。

 想一想

1. 铆接时出现铆合头不正的原因有哪些?
2. 铆接时出现铆钉杆弯曲的原因有哪些?

 ●自我总结与点评

1. 铆接时的铆钉相关尺寸的计算(即铆钉的选择)是否正确。
2. 铆接操作是否规范,正确使用工具情况。
3. 安全操作、文明实训情况。
4. 自我评分。

●思考练习题

1. 铆接在机械制造中的应用。
2. 铆钉直径和伸出长度以及铆接通孔直径的计算方法。
3. 铆接工具及铆接方法步骤有哪些?

 ●技能训练题

按图 6.1 进行铆接加工技能训练。

项目七

综合实训

● **项目目标**

通过综合实训课题练习,培养学生的安全文明生产意识和良好的职业素质;明确锉配含义及其在钳工实训中的地位和作用;熟悉钳工技能在机械制造和维修行业中的重要作用;让学生在实践中能熟练地使用工量具,选择合理的加工方法,形成合理的加工工艺流程;全面提高学生钳工基本操作技能水平。

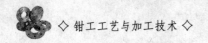
7.1 鸭嘴锤制作

7.1.1 学习目标

（1）知识目标

学会综合分析加工图样，掌握圆弧连接的划线、加工及检测方法。

（2）技能目标

掌握使用划针、划规、样冲等划线工具的方法；掌握倾斜线和圆弧连接的划线方法；掌握曲面、斜面、小平面的加工方法和检测；掌握钻孔操作技能。

7.1.2 任务描述

本次任务主要通过鸭嘴锤加工，进一步练习平面划线；学习倾斜平面的锯削、锉削技能以及曲面的锉削和检测技能；提高学生钻孔操作技能；通过该课题训练，激发学生的学习兴趣；提高学生对钳工技能训练的积极性。鸭嘴锤的加工如图 7.1、图 7.2、图 7.3 所示。

备料图：

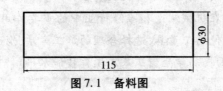

图 7.1 备料图

课题任务：

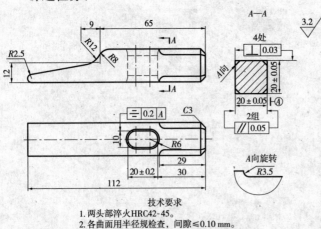

技术要求

1. 两头部淬火 HRC42-45。
2. 各曲面用半径规检查，间隙 ≤0.10 mm。

图 7.2 鸭嘴锤

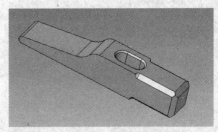

图 7.3 实物图

7.1.3 操作工艺

表 7.1 为鸭嘴锤制作的操作工艺。

表 7.1 操作工艺

序号	操作步骤	操作要点
1	加工长方体	1. 检查备料圆钢;先锉削加工两端面使其平行;然后按图样要求划线(如上图所示)。 2. 锯削、锉削加工出 20 mm ×20 mm 长方体;并以一长面为基准锉一端面,达到相关尺寸、垂直度、平行度及表面粗糙度的要求(如下图所示)。 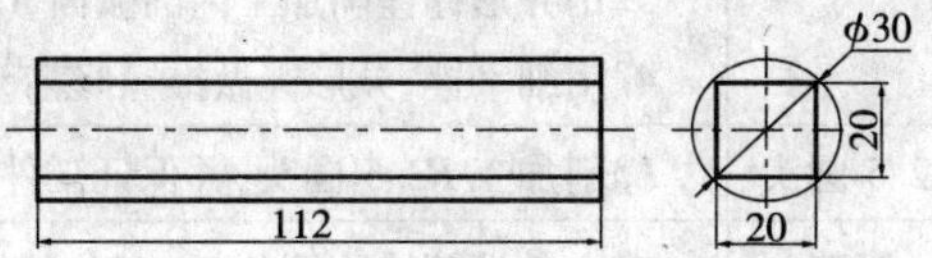 上图 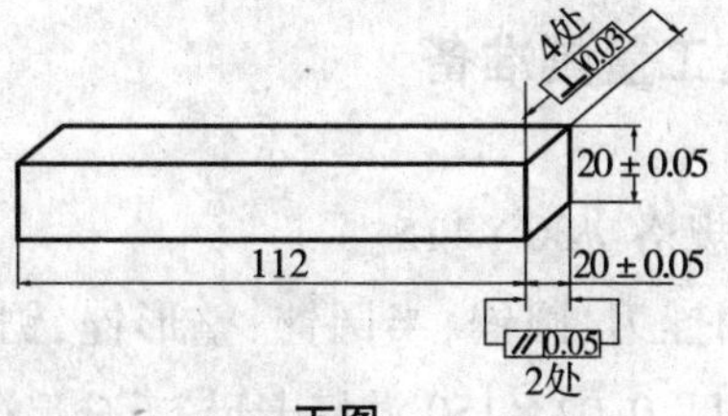 下图
2	划线	以一长面为基准,划出形体加工线(两面都划出)、4-R3.5 × 45°倒角加工线(如下图所示)。
3	加工4-R3.5×45°倒角	锉 4-R3.5 × 45°倒角,达到要求。先用平锉倒角锉削小平面(25.5 ×4.95)至划线位置;然后用异形锉粗锉出内圆弧面 R3.5;再用异形锉细加工圆弧面;最后采用推锉法修整。

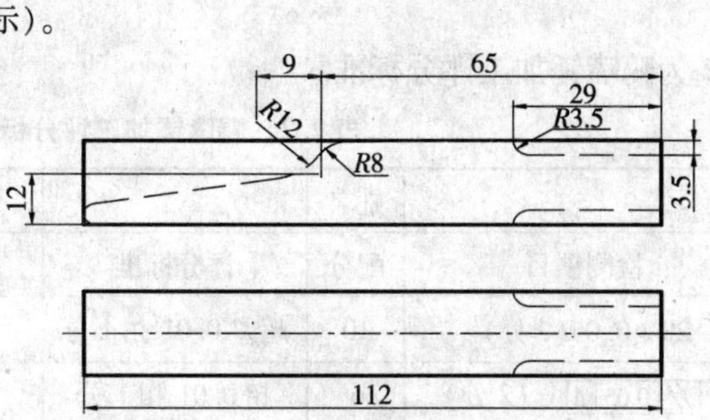

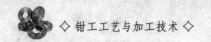

续表

序号	操作步骤	操作要点
4	加工腰孔	按图样要求划出腰孔加工线;钻出 2×ϕ10 孔,再用整形锉通过两孔进行锉削加工,满足图样要求(如下图所示)。 □ 0.2 A 2×R5 10 30
5	加工圆弧连接及斜面	1. 锯削去除圆弧、斜面多余材料,留 1 mm 加工余量。 2. 使用平锉锉削加工斜面至划线位置,达到平直度 0.03 mm。 3. 用异形锉锉削加工内圆弧面 R12,再用平锉锉削加工外圆弧面 R8。 4. 用细平锉、异形锉做推锉修整,达到各形面连接圆滑、光洁、纹理齐整。
6	加工 R2.5 圆头	锉削加工 R2.5 圆头,并保证工件总长为 112 mm。
7	倒角、修整	对八角端部棱边倒角 3×45°,复检全部尺寸,最后用砂布将各加工面打光。

7.1.4　材料及工量具准备

材料:45 钢,规格:ϕ30×115。

工量具:常用锉刀、圆锉、半圆锉、整形锉、锯弓(含锯条)、砂布、常用划线工具、钻头(ϕ10)、高度游标尺、0.02×150 游标卡尺、千分尺(0~25)、R 规、圆弧样板、刀口角尺等。

7.1.5　鸭嘴锤加工评分标准

表 7.2 为鸭嘴锤加工评分标准。

表 7.2　鸭嘴锤加工评分标准

学号		姓名		总得分			
序号	检测项目	配分	评分标准	检测工具		自我评分	教师评分
1	20±0.05(2 处)	10	超差 0.01 扣 1 分	千分尺			
2	∥ 0.05 A (2 处)	6	超 0.01 扣 1 分	百分表			
3	⊥ 0.03 (4 处)	8	超 0.01 扣 1 分	平板、角尺			
4	3×45°倒角(4 处)	4	酌情扣分	目测			
5	R3.5 内圆弧连接(4 处)	12	超 0.1 mm 扣 3 分	R 规或圆弧样板			
6	R2 与 R8 圆弧连接	12	超 0.1 mm 扣 5 分	R 规或圆弧样板			
7	斜面平直度 0.03	10	超 0.01 mm 扣 1 分	刀口尺、塞规			

续表

学号		姓名		总得分		
序号	检测项目	配分	评分标准	检测工具	自我评分	教师评分
8	$R2.5$ 圆弧面	5	超 0.1 mm 扣 5 分	R 规或圆弧样板		
9	20 ± 0.20	10	超差 0.02 扣 1 分	游标卡尺		
10	⊟ 0.20 A	8	不合格不得分	游标卡尺		
11	倒角、倒棱	5	酌情扣分	目测		
12	$R_a3.2$	5	酌情扣分	目测		
13	安全文明生产	5		酌情		
备注			加工时限 720 min			

7.2 锉配凹凸体(一)

7.2.1 学习目标

(1)知识目标

明确对称度、锉配的含义,初步掌握其检测方法;学会综合分析加工图样,掌握尺寸计算方法。

(2)技能目标

掌握具有对称度要求的工件的划线、加工及检测方法;提高锉削、锯削、孔加工操作的技能;形成合理的加工工艺流程;增强加工精度意识,满足工件配合度的需求。

7.2.2 任务描述

本次任务主要通过划线、锯、锉、孔加工、螺纹加工等方法,保证工件的各项尺寸、形状和位置精度满足加工要求;初步尝试配合工件的加工,如图 7.4、图 7.5、图 7.6 所示。

备料图(两块):

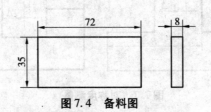

图 7.4 备料图

课题任务：

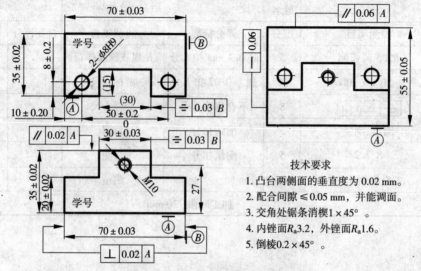

图 7.5 凹凸体

技术要求

1. 凸台两侧面的垂直度为 0.02 mm。
2. 配合间隙 ≤ 0.05 mm，并能调面。
3. 交角处锯条消楔 1×45°。
4. 内锉面 R_a3.2，外锉面 R_a1.6。
5. 倒棱 0.2×45°。

图 7.6 实物图

7.2.3 相关知识

1）对称度

对称度是指零件上两对称中心要素保持在同一中心平面内的状况，属于位置误差中的定位误差。最简单的对称度测量方法是用千分尺（0.01 mm）或游标卡尺（0.02 mm）间接测量，测量被测表面与基准表面的尺寸 A 和 B，其差值之半即为对称度差值。如图 7.7 所示。

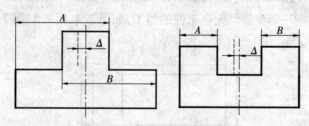

图 7.7 对称度测量

2）锉配

锉配也叫"镶嵌"，有对配和盲配之分，是钳工综合运用基本操作技能和测量技术，使工件达到规定的形状、尺寸和配合要求的一项操作技能。锉配技能掌握程度的高低，直接影响操作者能否通过专业技能等级考核。

7.2.4　操作工艺

表7.3为锉配凹凸体（一）的操作工艺。

表7.3　操作工艺

序号	操作步骤	操作要点及图解
1	加工外形	锉削加工外形尺寸，达到尺寸(70 ± 0.03)mm、(35 ± 0.02)mm与垂直度、平行度的要求。
2	划线及孔、螺纹加工	1. 按图样要求划线，并钻$2 \times \phi 8$孔、$M10$底孔及排孔。 2. 完成铰孔加工和螺纹加工。
3	加工凸件	1. 锯掉工件左角，锉削加工两垂直面1和2。锉削面1，达(20 ± 0.02)mm尺寸公差要求；锉削面2，通控制50 mm尺寸误差值（70 mm的实际尺寸与$30_{-0.03}^{0}$mm之和的一半的范围内）来保证达到$30_{-0.03}^{0}$mm的尺寸要求，同时其对称度在0.03 mm内（如上图所示）。 2. 锯掉工件右角，按上述方法锉削加工面3和4，并将尺寸分别控制在(20 ± 0.02)mm、$30_{-0.03}^{0}$mm（如下图所示）。 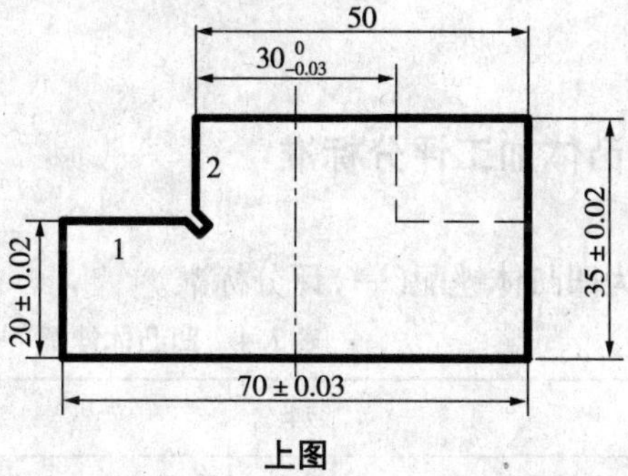 上图 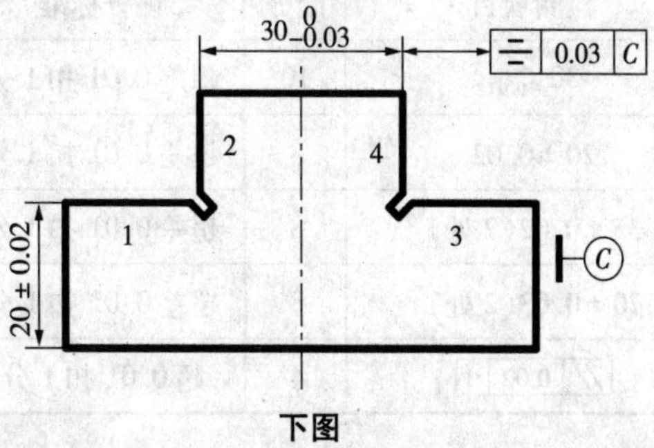 下图

续表

序号	操作步骤	操作要点及图解
4	加工凹件	通过锯削、錾削加工,去除凹面多余部分;粗锉至接近线条;细锉凹形顶端面5,控制20 mm尺寸误差值来保证尺寸15 mm在未注公差范围;最后细锉两侧垂直面,满足对称对称度及尺寸30 mm的要求(如下图所示)。 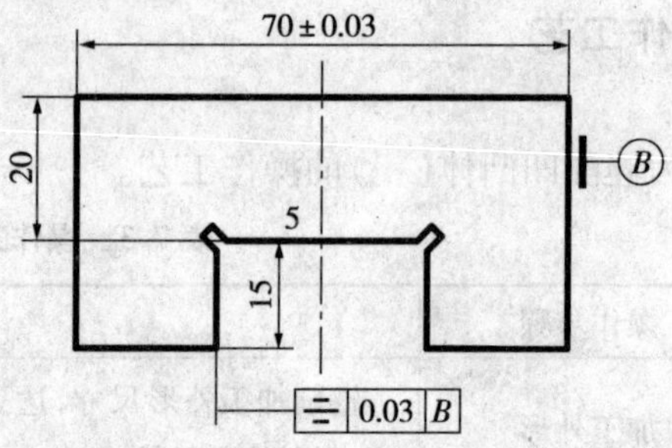
5	配合、调整与自我检测	锉削调整满足配合要求的同时兼顾相关尺寸,达到配合后尺寸(55 ± 0.05)mm、直线度0.06 mm及平行度0.06 mm范围。

7.2.5 材料及工量具准备

材料:Q235,规格:72 ×35 ×8(两块)。

工量具:常用锉刀、锯弓(含锯条)、φ8H9铰刀、塞尺片、塞规、钻头(φ3、φ7.8、φ8.5)、M10丝锥、高度游标尺、0.02 ×150游标卡尺、千分尺(0~25、25~50、50~75)、百分表、刀口角尺等。

7.2.6 凹凸体加工评分标准

表7.4为凹凸体锉配(一)评分标准。

表7.4 凹凸体锉配(一)评分标准

学号		姓名		总得分			
序号	检测项目	配分	评分标准	检测工具	自我评分	教师评分	
1	$30_{-0.03}^{\ 0}$	10	超差0.01扣1分	千分尺			
2	20 ± 0.02	8	超差0.01扣1分	千分尺			
3	35 ± 0.02(2处)	8	超差0.01扣1分	千分尺			
4	70 ± 0.03(2处)	8	超差0.01扣1分	千分尺			
5	∥ 0.02 A	4	超0.01扣1分	百分表			

学号		姓名		总得分		
序号	检测项目	配分	评分标准	检测工具	自我评分	教师评分
6	⊥ 0.02 A （2 处）	6	超 0.01 扣 1 分	平板、角尺		
7	〓 0.03 B （2 处）	8	超 0.01 扣 1 分	平板、百分表		
8	M10 垂直度 0.30/50	3	不合格不得分	螺纹塞规、角尺		
9	8±0.20(2 处)	6	1 处不合格扣 3 分	游标尺		
10	10±0.20	4	超差不得分	游标尺		
11	50±0.20	4	超差不得分	游标尺		
12	ϕ8H9(2 处)	4	1 处不合格扣 2 分	塞规		
13	间隙≤0.05(5 处)	5	1 处不合格扣 1 分	塞尺		
14	55±0.05	2	超差不得分	游标尺		
15	∥ 0.06 A	2	超差不得分	平板、百分表		
16	▬ 0.06	2	超差不得分	刀口尺		
17	调面间隙≤0.05(5 处)	5	1 处不合格扣 1 分	塞尺		
18	55±0.05	2	超差不得分	游标尺		
19	∥ 0.06 A	2	超差不得分	平板、百分表		
20	▬ 0.06	2	超差不得分	刀口尺		
21	安全文明生产	5		酌情		
备注			加工时限 240 min			

7.3 锉配凹凸体(二)

7.3.1 学习目标

(1)知识目标

巩固加深对对称度、锉配的理解掌握；掌握误差对凹凸盲配的影响,会分析解决锉配中产生的问题；温习刮削操作技能的相关知识。

(2)技能目标

掌握具有对称度要求工件的划线、加工及检测方法；提高锉削、锯削、孔加工及刮削的操作技能；形成合理的加工工艺流程,提高工件配合度。

7.3.2 任务描述

本次任务为凹凸体盲配,较上一课题凹凸对配难度略高。主要通过刮削、划线、锯、锉、孔加工、螺纹加工等方法,在保证工件的各项尺寸、形状和位置精度的同时,初步尝试盲配工件的加工,如图7.8、图7.9、图7.10所示。

备料图:

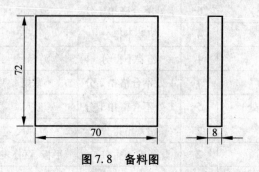

图7.8 备料图

课题任务:

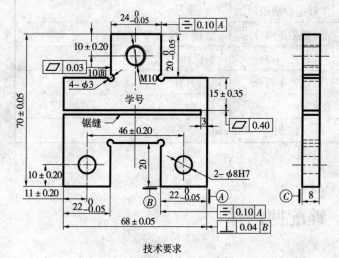

图7.9 凹凸体

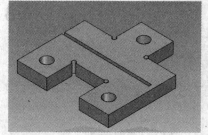

图7.10 实物图

技术要求

1. C基面刮削加工,研点数5~8点。
2. 锉配面表面粗糙度 R_a3.2。
3. 凹凸体配合互换间隙≤0.06 mm。
4. 锯削面不可自行锯断,待检测时锯开。
5. 倒棱 0.2×45°。

7.3.3 相关知识

1)刮削

是指用刮刀在加工过的工件表面上刮去微量金属,以提高工件加工精度、改善配合表面间接触状况的钳工作业。其作用是提高互动配合零件之间的配合精度和改善存油条件。根据刮削面的不同形状,刮削分为平面刮削和曲面刮削。刮削平面接触精度常用 25×25 方框内的研点数来表示。

2)盲配

即锉后配,要求加工工件在交件前不能自行锯断,工件的配合精度取决于配合前对相关尺寸、位置、形状精度的控制。

7.3.4　操作工艺

表 7.5 为锉配凹凸体(二)的操作工艺。

表 7.5　操作工艺

序号	操作步骤	操作要点及图解
1	刮削加工	对 C 基面进行刮削加工,接触精度研点数 5~8 点。
2	加工外形	锉削加工外形尺寸,达到尺寸(68±0.05)mm、(70±0.05)mm 与垂直度、平面度的要求。
3	划线及钻孔	按图样要求划线,并钻 4×φ3 的消锪孔、2×φ8 孔、M10 底孔及排孔,如下图所示。 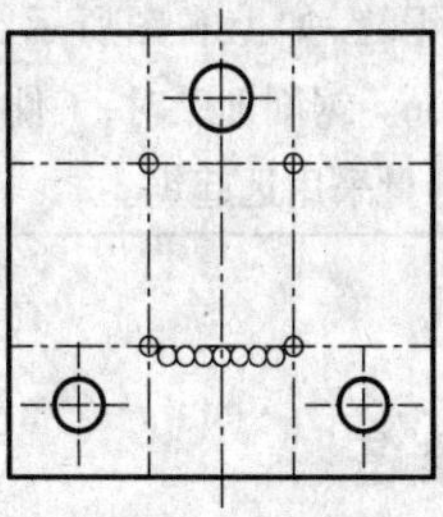
4	孔加工、螺纹加工	完成铰孔加工和螺纹加工。
5	加工凸面	1.锯掉工件右角,根据尺寸控制法加工面 1 和面 2,达到相关尺寸、平面度、垂直度要求,如左图所示。 2.锯掉工件左角,按上述方法锉削加工面 3 和面 4,并将尺寸控制在 24 $_{-0.05}^{0}$ mm 范围,以满足对称度要求,如右图所示。左图 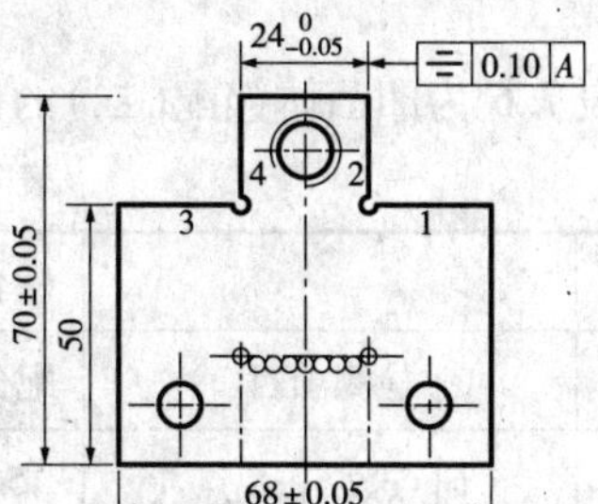　　右图 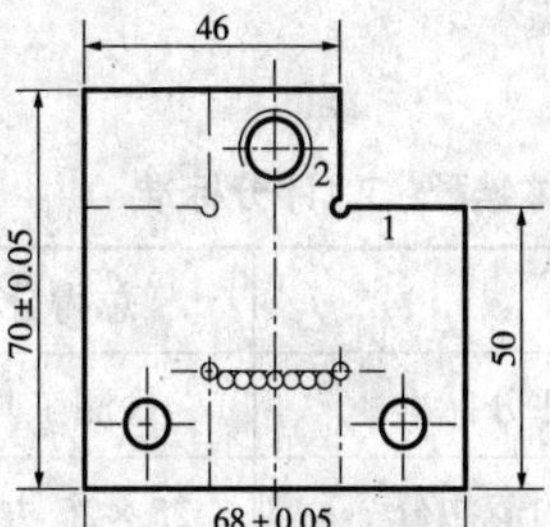

续表

序号	操作步骤	操作要点及图解
6	加工凹面	加工凹面,如下左图所示。通过锯削、錾削加工,去除凹面多余部分,加工面5,通过控制 50 mm 尺寸误差值来保证尺寸 $20^{+0.05}_{0}$ mm,再加工两侧垂直面,满足尺寸 $22^{0}_{-0.05}$ mm、对称度、垂直度、平面度的要求,确保配合间隙≤0.06 mm。 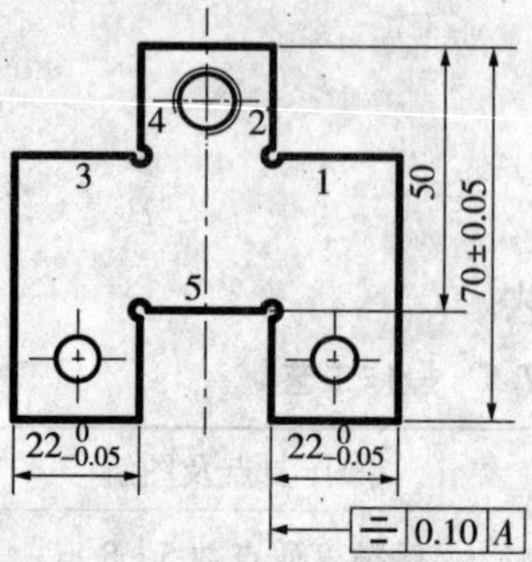 左图 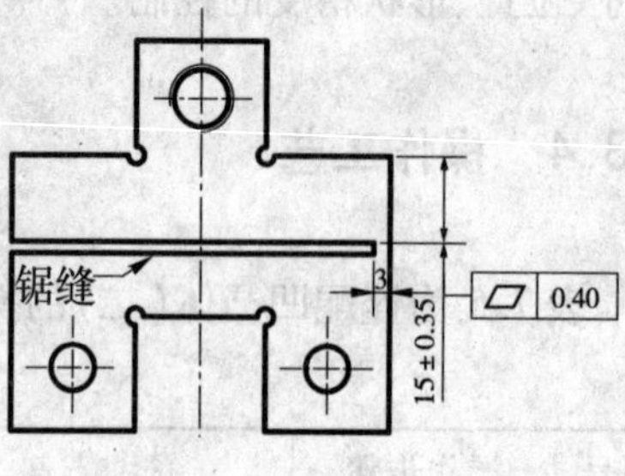　　　　　　　右图
7	倒棱倒角	倒棱倒角,检查全部尺寸精度,适时修整,使之符合要求。
8	加工锯缝	加工锯缝,如上右图所示。要求锯削质量达到平面度 0.40 mm、尺寸(15±0.35)mm。锯削加工时,工件夹持牢靠;锉削姿势正确;压力、速度适当,切忌发力过猛;尽量采用远起锯。

7.3.5　材料及工量具准备

材料:Q235,规格:72×70×8;显示剂

工量具:常用锉刀、锯弓(含锯条)、刮刀、$\phi8H9$ 铰刀、塞尺片、钻头($\phi3$、$\phi7.8$、$\phi8.5$)、M10 丝锥、高度游标尺、0.02×150 游标卡尺、百分表、刀口角尺、25×25 方框等。

7.3.6　凹凸体加工评分标准

表 7.6 为凹凸体锉配(二)的评分标准。

表 7.6　凹凸体锉配(二)评分标准

学号			姓名		总得分		
序号	检测项目		配分	评分标准	检测工具	自我评分	教师评分
1	研点数 5~8 点		5	酌情扣分	25×25 方框		
2	68±0.05		5	超差不得分	游标尺		

学号		姓名		总得分		
序号	检测项目	配分	评分标准	检测工具	自我评分	教师评分
3	70 ± 0.05	5	超差不得分	游标尺		
4	$20_{-0.05}^{\ 0}$	4	超差 0.02 扣 2 分	游标尺		
5	$24_{\ 0}^{+0.05}$	4	超差 0.02 扣 2 分	游标尺		
6	$22_{-0.05}^{\ 0}$(2 处)	8	1 处不合格扣 4 分	游标尺		
7	⊥ 0.04 B (2 处)	2	1 处不合格扣 1 分	平板、角尺		
8	▱ 0.03 （10 面）	10	1 处不合格扣 1 分	刀口尺、塞尺片		
9	配合表面 $R_a3.2$、倒棱	4	1 处不合格扣 0.5 分	目测		
10	⊟ 0.01 A (2 处)	6	超差 0.01 扣 1 分	平板、百分表		
11	10 ± 0.20(3 处)	3	超差不得分	游标尺		
12	11 ± 0.20	1	超差不得分	游标尺		
13	46 ± 0.20	2	超差不得分	游标尺		
14	$\phi8H7$(2 处)	4	1 处不合格扣 2 分	塞规		
15	M10 垂直度 0.30/50	2	不合格不得分	螺纹塞规、角尺		
16	15 ± 0.35	6	超差不得分	游标尺		
17	▱ 0.40	4	不合格不得分	刀口尺、塞尺片		
18	间隙 ≤ 0.06 mm(含调面)	20	1 处不合格扣 1 分	塞尺片		
19	安全文明生产	5		酌情		
备注			加工时限 240 min			

7.4 制作拼块

7.4.1 学习目标

（1）知识目标

提升综合分析图样的能力，进一步掌握锉配工艺方法，知晓配钻孔加工方法。

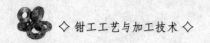◇ 钳工工艺与加工技术 ◇

（2）技能目标

提高工件的划线、加工及检测方法；提高锉削、锯削、配钻孔操作技能；让学生具备精度意识，提高工件配合度。

7.4.2　任务描述

本次任务主要通过划线、锯、锉、配钻孔加工等方法，来保证工件的各项尺寸、形状和位置精度，进一步提高学生锉配技能、锯削技能，初步掌握配钻孔加工方法和技能，如图 7.11、图 7.12、图 7.13 所示。

备料图（两块）：

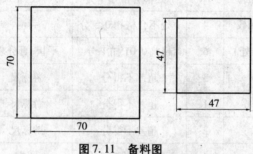

图 7.11　备料图

课题任务：

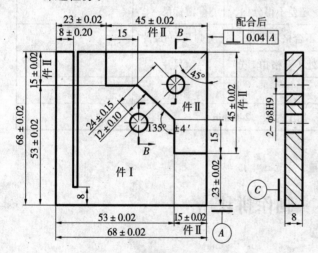

技术要求

1. 工件各外锉面及孔壁 $R_a1.6$ ，内锉面 $R_a3.2$。
2. 件 I、件 II 能调面配合，间隙≤0.04 mm。
3. 配合后检查垂直度误差（含调面）。
4. 内角不允许消楔。
5. 倒棱 0.2 × 45°。

图 7.12　拼块

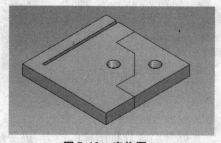

图 7.13　实物图

· 182 ·

7.4.3 操作工艺

表 7.7 为制作拼块的操作工艺。

表 7.7 操作工艺

序号	操作步骤	操作要点及图解
1	加工外形	锉削加工外形尺寸,达到尺寸(68±0.02)mm、(45±0.02)mm 与相应垂直度、平面度要求。
2	划线	按图样要求划线,如下图所示。 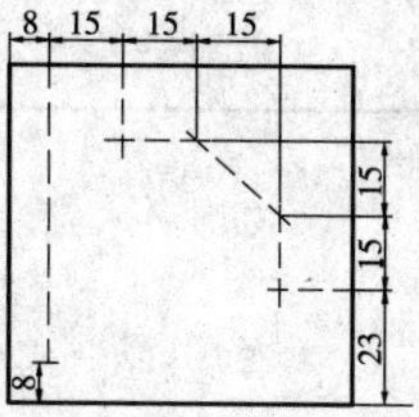 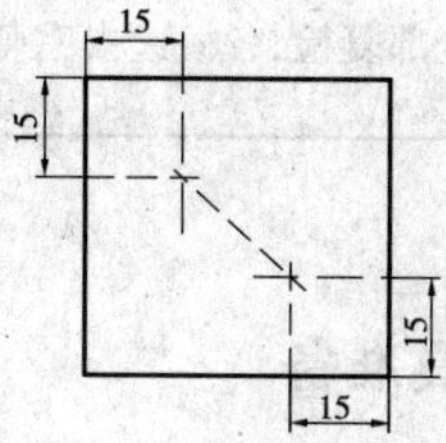
3	加工件 I	加工件 I,如左图所示。 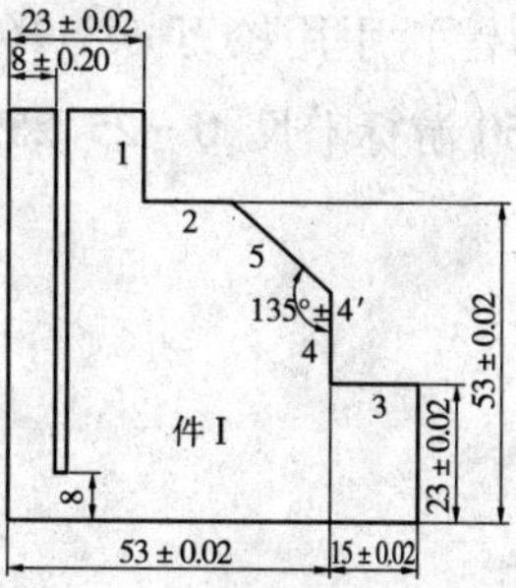 左图 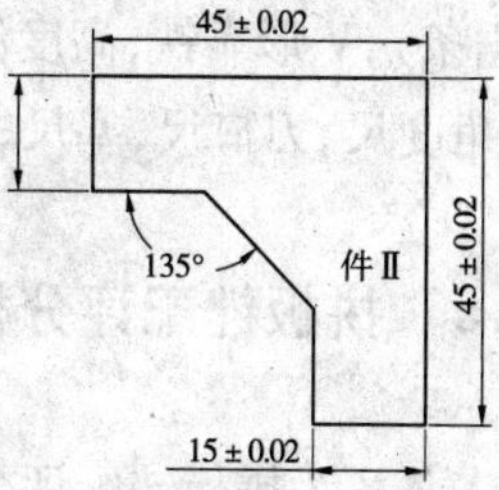　　　　　　　　右图 1. 锯削去除多余材料,留足加工余量 0.5~1 mm。 2. 加工面 1、面 2,达到两面垂直,并分别与 C 基面垂直,且满足尺寸(23±0.02)mm、(53±0.02)mm。 3. 同理加工面 3 和面 4。 4. 加工面 5,分别以面 2、面 4 为基准控制 135°±4′的角度。 5. 加工锯缝,复检尺寸,倒棱去刺。
4	加工件 II	加工件 II,如上右图所示。锯削去除多余材料,参照件 I 加工顺序和方法来加工。注意控制尺寸(15±0.02)mm 为上偏差和实体角度225°。
5	配合、调整	配合、调整,以加工件 I 为基准进行锉削修配,满足配合间隙≤0.04 mm 及垂直度 0.04 mm 要求。

续表

序号	操作步骤	操作要点及图解
6	配钻孔加工	按图样划配钻孔的加工线,如下图所示,并完成孔加工。 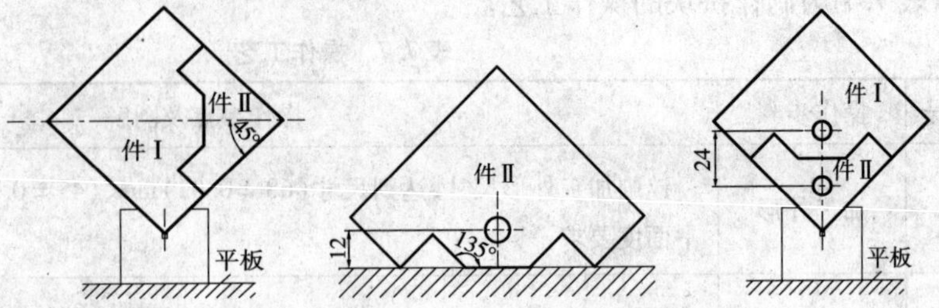
7	配合、调整与自我检测	全部复检,各棱边去毛刺。

7.4.4　材料及工量具准备

材料:Q235,规格:70×70×8、47×47×8。

工量具:常用锉刀(含粗、细板锉、整形锉),手用铰刀 $\phi8H9$(含铰杠),$\phi7.8$ 钻头,手锯(含锯条),V 形靠铁,高度游标尺,0.02×150 游标卡尺,0~25、25~50、50~75 外径千分尺,万能角度尺,刀口尺,塞尺,$\phi8H9$ 塞规。

7.4.5　拼板锉配评分标准

表 7.8 为拼板锉配评分标准。

表 7.8　拼板锉配评分标准

学号		姓名		总得分		
序号	检测项目	配分	评分标准	检测工具	自我评分	教师评分
1	23±0.02(2 处)	6	超差 0.01 扣 1 分	千分尺		
2	53±0.02(2 处)	6	超差 0.01 扣 1 分	千分尺		
3	68±0.02(2 处)	6	超差 0.01 扣 1 分	千分尺		
4	12±0.10	2	超差 0.02 扣 1 分	游标尺		
5	8±0.20	2	不合格不得分	游标尺		
6	135°±4′(2 处)	10	超差 2′扣 2 分	万能角度尺		
7	15±0.02(2 处)	6	超差 0.01 扣 1 分	千分尺		

学号		姓名		总得分			
序号	检测项目	配分	评分标准	检测工具	自我评分	教师评分	
8	45 ± 0.02(2处)	6	超差0.01扣1分	千分尺			
9	24 ± 0.15(2处)	6	超差0.02扣1.5分	游标尺			
10	$\phi 8H9$(2处)	4	一处不合格扣2分	塞规			
11	$R_a 1.6$	10	一处不合格扣1分	目测			
12	$R_a 3.2$	3	一处不合格扣0.5分	目测			
13	间隙≤0.04 mm(含调面)	20	一处不合格扣2分	塞尺片			
14	配合后 ⊥ 0.04 A	6	超差0.01扣2分	刀口尺、塞尺片			
15	倒角、倒棱	2	一处不合格扣1分	目测			
16	安全文明生产	5		酌情			
备注			加工时限240 min				

7.5 燕尾锉配(一)

7.5.1 学习目标

(1)知识目标

能利用常用三角函数或勾股定理进行相关尺寸计算。

(2)技能目标

掌握角度(60°)锉配和误差检查方法,进一步提高锉削、锯削、孔加工、螺纹加工操作.
技能。

7.5.2 任务描述

本次任务主要通过划线、锯、锉、角度加工、孔加工、螺纹加工等方法,重点掌握角度锉配
(60°)和误差的检查方法;会利用常用三角函数或勾股定理进行相关尺寸计算;进一步提高
学生钳工操作技能水平。如图7.14、图7.15、图7.16所示。

备料图:

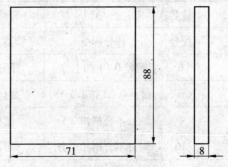

图 7.14　备料图

课题任务:

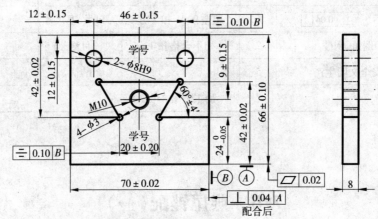

技术要求

1. 各锉削面 R_a 3.2。
2. 配合间隙 ≤0.05 mm,且能调面。
3. 配合后检查垂直度误差(含调面)。
4. 倒棱 0.2×45°。

图 7.15　燕尾锉配

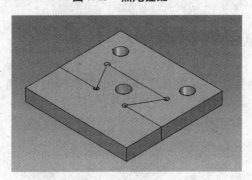

图 7.16　实物图

7.5.3　相关知识

燕尾尺寸计算：

例　已知：$\alpha = 30°$；$d = 5$ mm，求 X、M 值（如图 7.17 所示）。

解：$X = d \times \cot 30° = 5 \times \sqrt{3} \approx 8.66$ mm

$\quad\quad M = 5 + X + 45 = 5 + 8.66 + 45 = 58.66$ mm

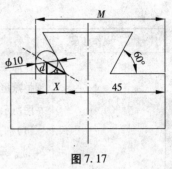

图 7.17

7.5.4　课前准备

制作 60° 角度样板，如图 7.18 所示。

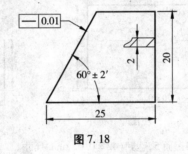

图 7.18

7.5.5　操作工艺

表 7.9 为燕尾锉配（一）的操作工艺。

表 7.9　操作工艺

序号	操作步骤	操作要点及图解
1	基面加工	检查备料图尺寸及相关精度，锉削加工 A 基面达平面度 0.02 mm 要求。
2	划线及分割	按图样要求划线。钻 4×ϕ3 mm 工艺孔、M10 底孔，燕尾槽用 ϕ11 mm 钻头钻孔，完成孔加工和攻丝，再锯削分割凹凸燕尾件（如下图所示）。

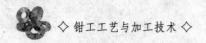

续表

序号	操作步骤	操作要点及图解
3	加工燕尾凸件	1. 加工基面 A 两侧垂直面,达尺寸(70±0.02)mm 及垂直度 0.04 mm 要求,再锯掉燕尾凸件一角,完成 60°±4′ 及 $24_{-0.05}^{0}$ mm 尺寸,并达到 $R_a 3.2$ μm 的要求(如左图所示)。 (1)加工面 1,用百分表测量控制面 1 与基面 A 的平行度,并用千分尺控制尺寸 $24_{-0.05}^{0}$ mm。 (2)加工面 2,用自制 60°角度样板测量控制燕尾角度;用 $\phi10$ 圆柱测量棒间接测量控制边角尺寸 M。 2. 锯削燕尾另一侧 60°角,按前述方法加工面 3、面 4 及 60°燕尾角,并用 $\phi10$ 圆柱测量棒,测量控制尺寸 L,如右图所示。 左图：$M=58,66±0.10$，$2\phi10$，$24_{-0.05}^{0}$，$42±0.02$，$70±0.02$，A 右图：$L=47,32$，$2\phi10$，$24_{-0.05}^{0}$，$70±0.02$ 3. 锉削加工面 5,达到(42±0.02)mm 尺寸。 4. 完成攻丝,检查各部分尺寸,倒角倒棱去毛刺。
4	加工燕尾凹件	加工燕尾凹件如下图所示。先加工好外形尺寸,达(70±0.02)mm、(42±0.02)mm;再锯削去除多余材料,按前述方法,先通过控制尺寸 24 mm 加工面 6,再控制边角尺寸 28.27 mm 和 60°角,加工面 7、面 8,以满足尺寸 37.47 mm 及对称度和配合的要求。 13,47，28,27，60°，42±0.02，24
5	配合、调整与自我检测	配合、调整,以件燕尾凸件为基准进行锉削修配,满足配合间隙≤0.05 mm;配合后尺寸(66±0.10)mm 及垂直度 0.04 mm 要求。全部复检,各棱边去毛刺。

7.5.6 材料及工量具准备

材料:Q235,规格:88×71×8。

工量具:常用锉刀(含粗、细板锉、整形锉),三角锉、手用铰刀 $\phi 8H9$(含铰杠),钻头($\phi 3$、$\phi 7.8$、$\phi 8.5$、$\phi 11$),M10 丝锥,手锯(含锯条),高度游标尺,0.02×150 游标卡尺,$0 \sim 25$、$25 \sim 50$、$50 \sim 75$ 外径千分尺,万能角度尺,百分表、刀口尺,塞尺,$\phi 8H9$ 塞规,$\phi 10$ 圆柱测量棒等。

7.5.7 燕尾锉配(一)评分标准

表 7.10 为燕尾锉配(一)的评分标准。

表 7.10　燕尾锉配(一)评分标准

学号		姓名		总得分		
考核内容	检测项目	配分	评分标准	检测工具	自我评分	教师评分
凸件	70 ± 0.02	4	超差 0.01 扣 1 分	千分尺		
	42 ± 0.02	4	超差 0.01 扣 1 分	千分尺		
	$24_{-0.05}^{0}$(2 处)	10	超差 0.01 扣 1 分	千分尺		
	20 ± 0.20	2	超差不得分	游标尺		
	9 ± 0.15	2	超差不得分	游标尺		
	$\square$ 0.02	2	超 0.01 扣 1 分	平板、塞尺		
	M10 垂直度 0.30/50	2	不合格不得分	螺纹塞规、角尺		
	$\equiv$ 0.10 B	4	不合格不得分	游标尺		
	$60° \pm 4'$(2 处)	8	超差 2′ 扣 2 分	万能角度尺		
	$R_a3.2$	4	一处不合格扣 1 分	目测		
凹件	70 ± 0.02	4	超差 0.01 扣 1 分	千分尺		
	42 ± 0.02	4	超差 0.01 扣 1 分	千分尺		
	46 ± 0.15	2	超差不得分	游标尺		
	12 ± 0.15(3 处)	3	超差不得分	游标尺		
	$\phi 8H9$(2 处)	2	超 0.01 扣 1 分	角尺、塞尺		
	$\equiv$ 0.10 B	4	不合格不得分	游标尺		
	$R_a3.2$	4	一处不合格扣 1 分	目测		
配合	配合间隙≤0.05(含调面)	20	一处不合格扣 2 分	塞尺		
	66 ± 0.10(2 处)	4	不合格不得分	千分尺		
	$\perp$ 0.04 A (2 处)	4	超 0.01 扣 1 分	角尺、塞尺		

续表

学号		姓名		总得分		
考核内容	检测项目	配分	评分标准	检测工具	自我评分	教师评分
其他	倒角、倒棱	2	一处不合格扣 1 分	目测		
	安全文明生产	5		酌情		
备注			加工时限　300 min			

7.6　燕尾锉配(二)

7.6.1　学习目标

(1)知识目标

能熟练利用常用三角函数或勾股定理进行相关尺寸计算。

(2)技能目标

熟练掌握角度(60°)锉配和误差检查方法；进一步提高锉削、锯削、刮削、孔加工操作技能；提高控制工件对称度、配合度的能力,形成合理的燕尾盲配加工流程。

7.6.2　任务描述

本次任务主要通过划线、锯、锉、刮削、角度加工、孔加工等方法,在保证工件的各项加工精度的前提下,能快捷有效地进行盲配；旨在进一步提高学生综合运用钳工基本操作技能的能力；并能熟练地进行相关尺寸、尺寸链的计算；同时具备较高的精度检测控制能力和合理的工艺流程。如图 7.19、图 7.20、图 7.21 所示。

备料图:

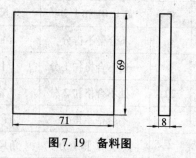

图 7.19　备料图

课题任务：

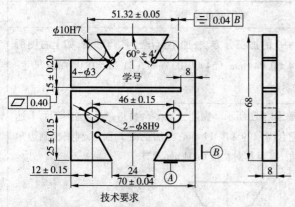

技术要求
1. C 基面刮削加工，研点数 5~8 点。
2. 各外锉削面及 ϕ8H9孔 R_a1.6，内锉削面 R_a3.2。
3. 配合间隙≤0.05 mm 且能调面。
4. 用量柱及千分尺内燕尾槽对称度。
5. 锯削面不可自行锯断。
6. 倒棱 0.2 × 45°。

图 7.20　燕尾锉配

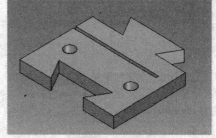

图 7.21　实物图

7.6.3　操作工艺

表 7.11 为燕尾锉配操作工艺。

表 7.11　操作工艺

序号	操作步骤	操作要点及图解
1	刮削加工	对 C 基面进行刮削加工，接触精度研点数 5~8 点。
2	加工外形	锉削加工外形尺寸，达到尺寸(70 ± 0.04) mm、(68 ± 0.04) mm 与相应垂直度、平面度、平行度要求。
3	划线及孔加工	按图样要求划线。钻 4×ϕ3 mm 工艺孔、2×ϕ8 mm 孔、燕尾槽用 ϕ11 mm 钻头钻孔，并完成孔加工，如左图所示。

左图　　　　　　右图

续表

序号	操作步骤	操作要点及图解
4	加工燕尾凸形面	参照7.5燕尾锉配(一)的加工分方法,加工燕尾工件凸形面,如上右图所示。完成60°±4′及(14±0.04)mm、(54±0.03)mm、(51.32±0.05)mm 尺寸,并达到 $R_a3.2$ μm 的要求。
5	加工燕尾凹形面	加工燕尾工件凹形面,如下图所示。锯削去除多余材料,先锉削加工面1达到满足与燕尾凸形面配合需求的深度14 mm;再加工面2、面3,利用控制边角尺寸28.58 mm 及60°角,满足其对称度0.04 mm 要求。 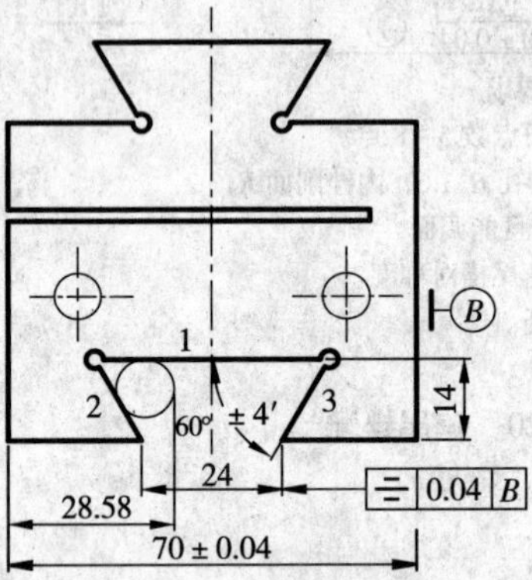
6	复检、调整	全部复检、调整,各棱边去毛刺。
7	加工锯缝	加工锯缝,要求锯削质量达到平面度0.40 mm、尺寸(15±0.20)mm。

7.6.4 材料及工量具准备

材料:Q235,规格:71×69×8;显示剂。

工量具:常用锉刀(含粗、细板锉、整形锉),手锯(含锯条),三角锉,刮刀,φ8H9 铰刀,钻头(φ3、φ7.8、φ11),高度游标尺,25~50、50~75 外径千分尺,深度千分尺,0.02×150 游标卡尺,百分表,刀口角尺,φ8H9 塞规,塞尺片,25×25 方框,万能角度尺,φ10 圆柱测量棒,60°角度样板等。

7.6.5 燕尾锉配评分标准

表7.12 为燕尾锉配(二)评分标准。

表 7.12　燕尾锉配(二)评分标准

学号		姓名		总得分		
序号	检测项目	配分	评分标准	检测工具	自我评分	教师评分
1	70 ± 0.04	4	超差不得分	千分尺		
2	68 ± 0.04	4	超差不得分	千分尺		
3	51.32 ± 0.05	4	超差 0.01 扣 2 分	千分尺		
4	54 ± 0.03(2 处)	8	超差 0.01 扣 1 分	千分尺		
5	14 ± 0.04(2 处)	8	超差 0.01 扣 1 分	深度千分尺		
6	25 ± 0.15(2 处)	2	超差 0.02 扣 1 分	游标尺		
7	12 ± 0.15	2	超差 0.02 扣 1 分	游标尺		
8	46 ± 0.15	2	超差 0.02 扣 1 分	游标尺		
9	15 ± 0.20	2	超差 0.10 扣 1 分	游标尺		
10	$\boxed{\diagdown}$ 0.40	2	不合格不得分	刀口尺、塞尺		
11	60° ± 4′(2 处)	8	超差 2′ 扣 2 分	万能角度尺		
12	ϕ8H9(2 处)	2	一处不合格扣 1 分	角尺、塞尺		
13	$\boxed{=\ 0.04\ B}$	6	超差 0.01 扣 1 分	量柱、千分尺		
14	R_a1.6	5	一处不合格扣 1 分	目测		
15	R_a3.2	3	一处不合格扣 0.5 分	目测		
16	配合间隙≤0.05(10 处)	20	一处不合格扣 2 分	塞尺		
17	两侧面错位量≤0.10	6	超差 0.01 扣 2 分	刀口尺、塞尺		
18	研点数 5~8 点	5	酌情扣分	25×25 方框		
19	倒角、倒棱	2	一处不合格扣 1 分	目测		
20	安全文明生产	5		酌情		
备注			加工时限 300 min			

7.7　T 形嵌配

7.7.1　学习目标

(1)知识目标

能熟练进行相关尺寸链计算。

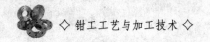

（2）技能目标

熟练掌握锉配和误差检查方法；全面提高锉削、锯削、孔加工、螺纹加工操作技能；提高控制工件对称度、配合度的能力；形成合理的加工工艺流程。

7.7.2　任务描述

本次任务主要通过划线、锯、锉、孔加工、螺纹加工等方法，在保证工件的各项加工精度的前提下，能快捷有效地进行嵌配；旨在全面地提高学生综合运用钳工基本操作技能的能力；提高学生精度检测控制能力；并能熟练地进行相关尺寸链的计算。如图 7.22、图 7.23、图 7.24 所示。

备料图：

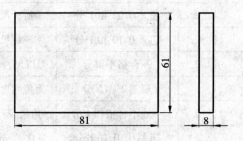

图 7.22　备料图

课题任务：

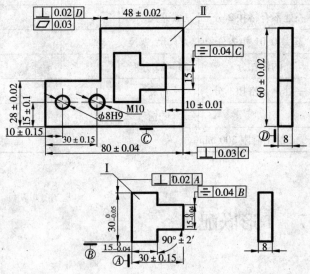

图 7.23　T 形嵌配

技术要求
1. 在件 II 毛坯料上锯下件 I 毛坯料。
2. 两件换面检查间隙共 16 处；配合间隙 ≤0.05 mm。
3. 表面粗糙度：锉削面 R_a3.2 、铰孔 R_a1.6。
4. 内交角允许单锯条消楔。
5. 倒棱0.2 × 45°。

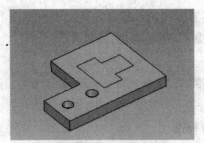

图 7.24 实物图

7.7.3 操作工艺

表 7.13 为 T 形嵌配的操作工艺。

表 7.13 操作工艺

序号	操作步骤	操作要点及图解
1	加工外形	锉削加工外形尺寸,达到尺寸(80±0.04)mm、(60±0.02)mm 与相应垂直度、平面度、平行度的要求。
2	划线及孔、螺纹加工	按图样要求划线。钻 ϕ8 mm 孔、M10 底孔及 ϕ3 mm 排孔;完成孔加工、螺纹加工,如下图所示。
3	加工件 I	从件 II 坯料上锯下件 I 毛坯料,锉削加工件 I,并达到各项精度要求。
4	加工件 II	加工件 II。通过錾削、剧削、钻削加工,去除多余材料,再锉削加工至符合图样要求。
5	配合、调整与自我检测	全部复检、试配、调整,倒棱去刺。

7.7.4 材料及工量具准备

材料:Q235,规格:81×61×8。

工量具:常用锉刀(含粗、细板锉、整形锉),手锯(含锯条),平錾,ϕ8H9 铰刀,钻头(ϕ3、

$\phi 7.8$、$\phi 8.5$），M10 丝锥，高度游标尺，$0 \sim 25$、$25 \sim 50$、$50 \sim 75$ 外径千分尺，0.02×150 游标卡尺，百分表，刀口角尺，$\phi 8H9$ 塞规，螺纹塞规，塞尺片等。

7.7.5　T 形嵌配评分标准

表 7.14 为 T 形嵌配评分标准。

表 7.14　T 形嵌配评分标准

学号		姓名			总得分		
考核内容	检测项目	配分	评分标准		检测工具	自我评分	教师评分
件 I	$30_{-0.05}^{\ 0}$（2 处）	8	超差 0.01 扣 1 分		千分尺		
	$15_{-0.04}^{\ 0}$（2 处）	8	超差 0.01 扣 1 分		千分尺		
	⊥ 0.02 A （2 处）	4	超 0.01 扣 1 分		角尺、塞尺		
	≡ 0.04 B	4	超 0.01 扣 1 分		角尺、塞尺		
	$90° \pm 2'$（2 处）	4	超差 2′ 扣 1 分		万能角度尺		
件 II	80 ± 0.04	4	超差 0.02 扣 1 分		游标尺		
	60 ± 0.02	4	超差 0.01 扣 1 分		千分尺		
	28 ± 0.02	4	超差 0.01 扣 1 分		千分尺		
	48 ± 0.02	4	超差 0.01 扣 1 分		千分尺		
	10 ± 0.01	4	超差 0.01 扣 1 分		千分尺		
	$\phi 8H9$	2	不合格不得分		塞规		
	M10 垂直度 0.30/50	2	不合格不得分		螺纹塞规、角尺		
	15 ± 0.15（2 处）	4	超差 0.02 扣 1 分		游标卡尺		
	10 ± 0.15	2	超差 0.02 扣 1 分		游标卡尺		
	30 ± 0.15	2	超差 0.02 扣 1 分		游标卡尺		
	⊥ 0.03 C （2 处）	4	超 0.01 扣 1 分		角尺、塞尺		
	≡ 0.04 C	4	超 0.01 扣 1 分		游标卡尺		
	⊥ 0.02 D	4	超 0.01 扣 1 分		角尺、塞尺		
	▱ 0.40	2	不合格不得分		角尺、塞尺		
配合	配合间隙 ≤ 0.05	8	一处不合格扣 1 分		塞尺		
	调面配合 ≤ 0.05	8	一处不合格扣 1 分		塞尺		

续表

学号		姓名		总得分		
考核内容	检测项目	配分	评分标准	检测工具	自我评分	教师评分
其他	倒角、倒棱、R_a	5	一处不合格扣0.5分	目测		
	安全文明生产	5		酌情		
备注	加工时限　300 min					

7.8　样板锉配

7.8.1　学习目标

(1)知识目标

会综合分析加工图样,掌握尺寸计算方法,培养学生效率意识。

(2)技能目标

形成合理的加工工艺流程;掌握尺寸精度控制方法;全面提高锉削、锯削、孔加工的操作技能。

7.8.2　任务描述

本次任务是对配加工,旨在通过练习全面提高学生的划线、锯削、锉削、孔加工等基本操作能力和加工效率,如图7.25、图7.26、图7.27所示。

备料图(两块):

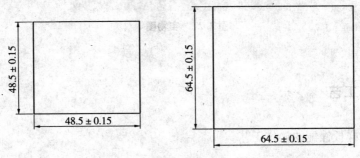

图 7.25

课题任务：

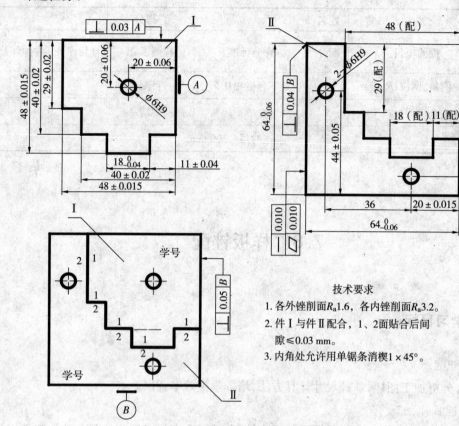

图 7.26 样板锉配

技术要求
1. 各外锉削面R_a1.6，各内锉削面R_a3.2。
2. 件Ⅰ与件Ⅱ配合，1、2面贴合后间
   隙≤0.03 mm。
3. 内角处允许用单锯条消楔1×45°。

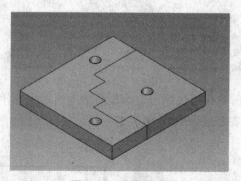

图 7.27 实物图

7.8.3 操作工艺

表 7.15 为样板锉配的操作工艺。

表 7.15 操作工艺

序号	操作步骤	操作要点及图解
1	加工外形	锉削加工外形尺寸,达到尺寸 48±0.015 mm、64 $_{-0.06}^{0}$ mm 与垂直度、直线度、平面度的要求。
2	划线及孔加工	按图样要求划线。划线时注意合理选择划线基准,避免同一高度划线多次调校尺寸;钻 3×ϕ6 孔及 ϕ3 排孔,ϕ6 孔加工完毕,在尺寸可控范围内加以锉削微调,如下图所示。 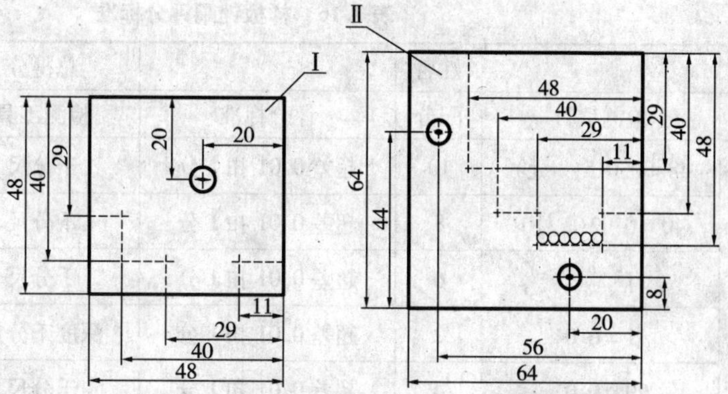
3	加工件 I	加工件 I,如下图所示。锯削去除左角多余材料,控制尺寸 29±0.02 mm 加工面 1,控制尺寸 40±0.02 mm 加工面 2、面 3,控制尺寸 29 在上偏差为 0、下偏差为 0.04 mm 来加工面 4;加工右角,锯削去除多余材料,控制尺寸 18 $_{0.04}^{0}$ mm 加工面 5,控制尺寸 40±0.02 mm 加工面 6。 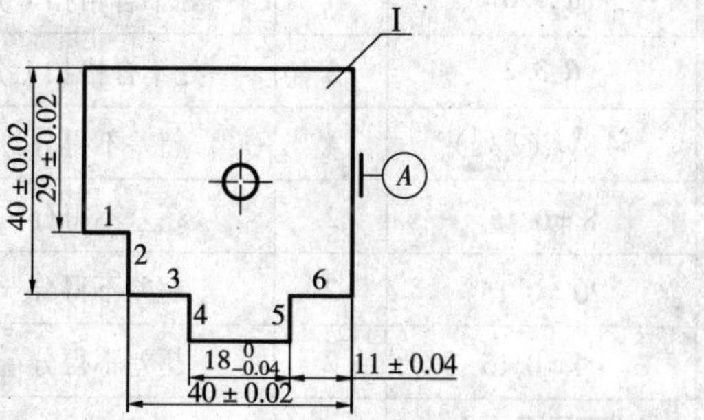
4	加工件 II	加工件 II。通过锯、錾去除多余材料,结合件 I 实际尺寸来控制相关尺寸精度。
5	配合、调整与自我检测	配合、调整与自我检测。原则上只对件 II 尺寸进行锉削调整,满足配合间隙≤0.03 mm 及垂直度为 0.05 mm 的要求。

7.8.4 材料及工量具准备

材料:Q235,规格:64.5×64.5×8(±0.15)、48.5×48.5×8(±0.15)。

　　工量具:常用锉刀(含粗、细板锉、整形锉),手用铰刀 $\phi6H9$(含铰杠),钻头($\phi3$、$\phi5.8$),手锯(含锯条),平錾,榔头,0~25 深度千分尺,高度游标尺,0.02×150 游标卡尺,0~25、25~50、50~75 外径千分尺,刀口尺,塞尺,$\phi6H9$ 塞规等。

7.8.5　样板锉配评分标准

　　表 7.16 为样板锉配评分标准。

表 7.16　样板锉配评分标准

学号		姓名			总得分		
序号	检测项目	配分	评分标准	检测工具	自我评分	教师评分	
件 I	48±0.015(2 处)	10	超差 0.01 扣 1 分	千分尺			
	40±0.02(2 处)	8	超差 0.01 扣 1 分	千分尺			
	$18_{-0.04}^{0}$	6	超差 0.01 扣 1 分	千分尺			
	11±0.04	2	超差 0.01 扣 1 分	深度千分尺			
	29±0.02	4	超差 0.01 扣 1 分	千分尺			
	$\phi6H9$	1	不合格不得分	塞规			
	20±0.06(2 处)	8	超差 0.02 扣 2 分	游标尺			
	⊥ 0.03 A	2	超差 0.01 扣 1 分	角尺、塞尺			
	$R_a1.6$	4	一处不合格扣 1 分	目测			
	$R_a3.2$	3	一处不合格扣 1 分	目测			
件 II	$64_{-0.06}^{0}$(2 处)	4	超差不得分	千分尺			
	8±0.15	2	超差不得分	游标尺			
	20±0.15	2	超差不得分	游标尺			
	44±0.15	2	超差不得分	游标尺			
	⊥ 0.04 B	2	超 0.01 扣 1 分	角尺、塞尺			
	━ 0.010	3	超 0.01 扣 1 分	刀口尺、塞尺			
	▱ 0.010	3	超 0.01 扣 1 分	平板、塞尺			
	$\phi6H9$(2 处)	2	不合格不得分	塞规			
	$R_a1.6$	3	一处不合格扣 1 分	目测			
	$R_a3.2$	2	一处不合格扣 1 分	目测			

学号		姓名		总得分		
序号	检测项目	配分	评分标准	检测工具	自我评分	教师评分
配合	正面贴合间隙 ≤0.03(8 处)	16	一处不合格扣 2 分	塞尺		
	⊥ 0.05 B	4	超 0.01 扣 1 分	角尺、塞尺		
其他	倒角、倒棱	2	一处不合格扣 1 分	目测		
	安全文明生产	5		酌情		
备注	1. 加工时限　240 min。 2. 重大缺陷扣 5 ~ 10 分。					

7.9　自选课题

7.9.1　长方体转位对配

长方体转位对配如图 7.28、图 7.29、图 7.30 所示。

①备料图(两块)：

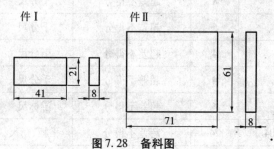

图 7.28　备料图

②课题任务：

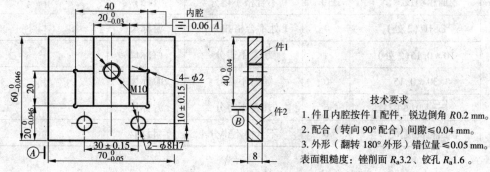

技术要求

1. 件Ⅱ内腔按件Ⅰ配件，锐边倒角 R0.2 mm。
2. 配合（转向 90° 配合）间隙 ≤0.04 mm。
3. 外形（翻转 180° 外形）错位量 ≤0.05 mm。

表面粗糙度：锉削面 R_a3.2、铰孔 R_a1.6。

图 7.29　长方体转位对配

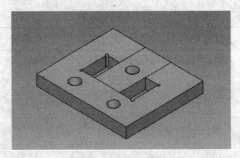

图 7.30   实物图

(1)材料及工量具准备

材料:Q235,规格:41×21×8,71×61×8。

工量具:常用锉刀(含粗、细板锉、整形锉)、锯弓(含锯条)、φ8H9 铰刀、塞尺片、塞规、钻头(φ3、φ7.8)、M10 丝锥、高度游标尺、0.02×150 游标卡尺、千分尺(0~25、25~50、50~75)、百分表、刀口角尺等。

(2)长方体转位对配评分标准

表 7.17 为长方体转位对配评分标准。

表 7.17   长方体转位对配评分标准

学号		姓名		总得分		
考核内容	检测项目	配分	评分标准	检测工具	自我评分	教师评分
锉配	$20_{-0.03}^{0}$	8	超差不得分	千分尺		
	$40_{-0.04}^{0}$	5	超差不得分	千分尺		
	$60_{-0.05}^{0}$	4	超差不得分	千分尺		
	$70_{-0.05}^{0}$	4	超差不得分	千分尺		
	⏥ 0.06 A	4	超差不得分	游标尺		
	配合间隙≤0.04	24	超差不得分	平板、角尺		
	错位量≤0.05	5	超差不得分	角尺、塞尺		
	表面粗糙度 R_a3.2	10	不合格不得分	目测		
铰孔	φ8H7(2 处)	4	1 处不合格扣 2 分	游标尺		
	10±0.15(2 处)	4	超差不得分	游标尺		
	30±0.15	6	超差不得分	游标尺		
	⏥ 0.06 A	6	超差不得分	游标尺		
	表面粗糙度 R_a1.6	6	不合格不得分	目测		

续表

学号		姓名		总得分		
考核内容	检测项目	配分	评分标准	检测工具	自我评分	教师评分
攻丝	M10 垂直度 0.30/50	2	不合格不得分	螺纹塞规、角尺		
其他	倒角、倒棱	3	一处不合格扣 0.5 分	目测		
	安全文明生产	5		酌情		
备注	加工时限　240 min					

7.9.2　六角螺母加工

六角螺母加工如图 7.31、图 7.32、图 7.33 所示。

①备料图：

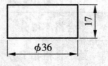

图7.31　备料图

②课题任务：

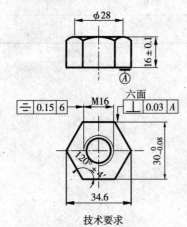

技术要求

1.螺孔两端倒角 1.5 × 45°。

2.六方三组对应平面平行度 0.05 mm。

3.M16螺孔与 A 基面垂直度 0.10 mm。

4.表面粗糙度 R_a3.2。

图 7.32　六角螺母

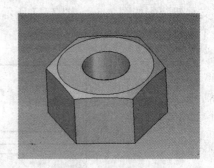

图 7.33　实物图

（1）材料及工量具准备

材料：Q235 圆棒，规格：$\phi36 \times 17$。

工量具：常用锉刀、锯弓（含锯条）、塞尺片、钻头（$\phi14.2$）、M16 丝锥、高度游标尺、0.02 × 150 游标卡尺、万能角度尺、千分尺（0 ~ 25、25 ~ 50）、刀口角尺等。

（2）六角螺母评分标准

表 7.18 为六角螺母评分标准。

表 7.18　六角螺母评分标准

学号		姓名		总得分		
序号	检测项目	配分	评分标准	检测工具	自我评分	教师评分
1	$30_{-0.08}^{\;0}$（3 处）	24	超 0.01 扣 1 分	千分尺		
2	平行度 0.05（3 处）	18	超 0.01 扣 1 分	平板、百分表		
3	120° ±4′（6 处）	18	超 0.01 扣 1 分	万能角度尺		
4	⊥ 0.03 A（6 处）	12	一处不合格扣 2 分	平板、角尺		
5	⚌ 0.15 6（3 处）	6	一处不合格扣 2 分	游标尺		
6	螺孔 ⊥ 0.01 A	5	不合格不得分	角尺		
7	平面度 0.04（6 处）	6	一处不合格扣 1 分	平板、塞尺		
8	表面粗糙度 $R_a3.2$	6	一处不合格扣 1 分	目测		
9	安全文明生产	5		酌情		
备注		加工时限　240 min				

7.9.3　支承架装配

支承架装配如图 7.34 ~ 图 7.47 所示。

①备料图：

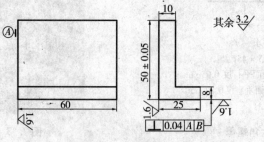

图 7.34　活动件

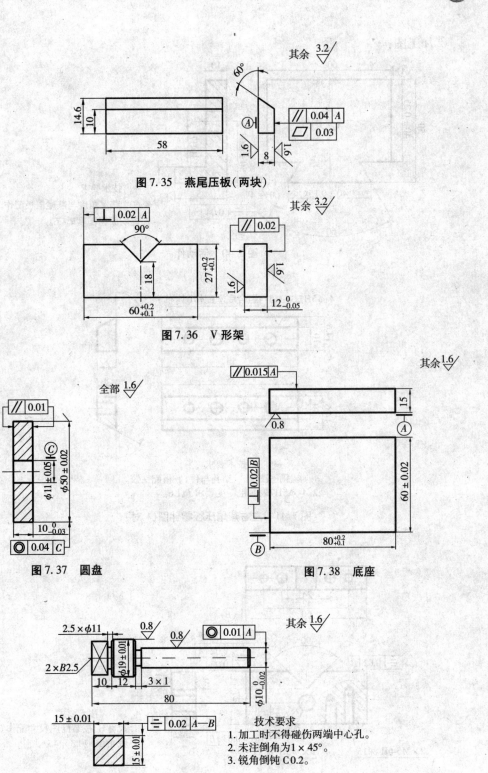

图 7.35 燕尾压板（两块）

图 7.36 V 形架

图 7.37 圆盘

图 7.38 底座

图 7.39 轴

技术要求
1. 加工时不得碰伤两端中心孔。
2. 未注倒角为 1×45°。
3. 锐角倒钝 C0.2。

②加工图：

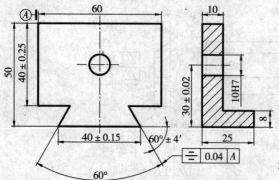

技术要求
1. 60°燕尾角度与燕尾压板配作。
2. 锉削面粗糙度R_a1.6。

图7.40 活动件

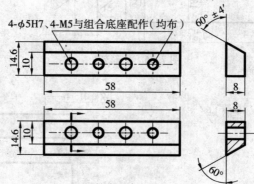

技术要求
1. 燕尾压板螺孔、销孔与件1底板配钻铰。
2. 4-φ5H7表面粗糙度要求R_a1.6。

图7.41 左右燕尾压板零件图（1对）

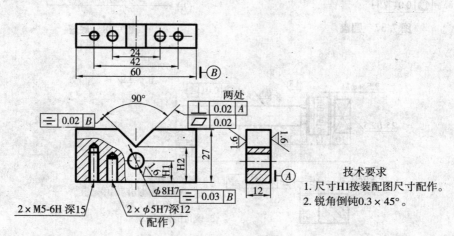

技术要求
1. 尺寸H1按装配图尺寸配作。
2. 锐角倒钝0.3×45°。

图7.42 V形架零件图

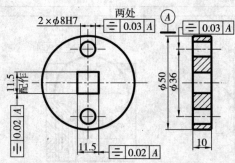

全部 1.6

技术要求
1. 各锉削加工面平面度为0.02。
2. 各锉削面与基准A的垂直度为0.02。
3. 锐角倒钝为0.2×45°。
4. 未注倒角为0.5×45°。

图 7.43　盘零件图

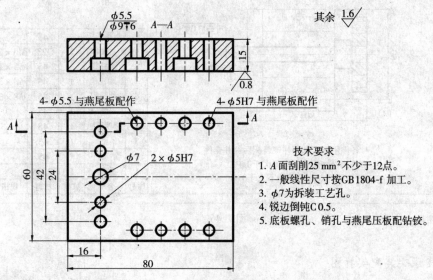

其余 1.6

技术要求
1. A面刮削25 mm² 不少于12点。
2. 一般线性尺寸按GB 1804-f 加工。
3. φ7为拆装工艺孔。
4. 锐边倒钝C 0.5。
5. 底板螺孔、销孔与燕尾压板配钻铰。

图 7.44　底座零件图

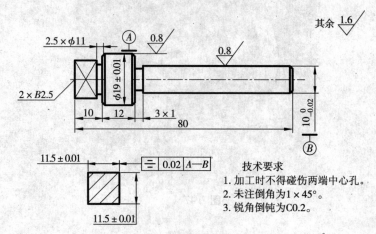

其余 1.6

技术要求
1. 加工时不得碰伤两端中心孔。
2. 未注倒角为1×45°。
3. 锐角倒钝为C0.2。

图 7.45　轴零件图

（1）支承架总装配图

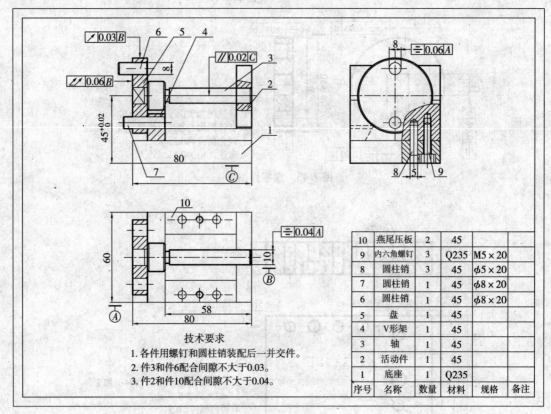

图 7.46

10	燕尾压板	2	45	
9	内六角螺钉	3	Q235	M5×20
8	圆柱销	3	45	φ5×20
7	圆柱销	1	45	φ8×20
6	圆柱销	1	45	φ8×20
5	盘	1	45	
4	V形架	1	45	
3	轴	1	45	
2	活动件	1	45	
1	底座	1	Q235	
序号	名称	数量	材料	规格	备注

技术要求

1. 各件用螺钉和圆柱销装配后一并交件。
2. 件3和件6配合间隙不大于0.03。
3. 件2和件10配合间隙不大于0.04。

（2）支承架装配实物图

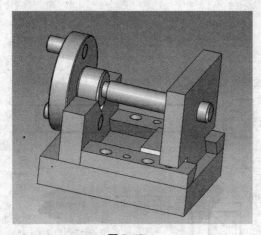

图 7.47

（3）支承架装配评分标准

表 7.19 为支承架装配评分标准。

表 7.19　支承架装配评分标准

学号			姓名		总得分		
序号	检测项目		配分	评分标准	检测工具	自我评分	教师评分
活动件	40 ± 0.25（2 处）		2	超差不得分	游标卡尺		
	$60° \pm 4'$（2 处）		4	超差不得分	万能角度尺		
	$\boxed{= \ 0.04 \ A}$		2	超 0.01 扣 1 分	检验棒、千分尺		
	$\phi 10H7$		1	不合格不得分	塞规		
	30 ± 0.02		1	超差不得分	游标卡尺		
V 形架零件	$90° \pm 2'$		2	超差 2' 扣 1 分	万能角度尺		
	$\boxed{\perp \ 0.02 \ A}$（2 处）		2	不合格 1 处扣 1 分	刀口尺、塞尺		
	$\boxed{\diagup \ 0.02}$（2 处）		2	不合格 1 处扣 1 分	刀口尺、塞尺		
	$\boxed{= \ 0.02 \ B}$		2	超 0.01 扣 1 分	平板、百分表		
	$\phi 8H7$		1	不合格不得分	塞规		
	$\boxed{= \ 0.03 \ B}$		2	超 0.01 扣 1 分	平板、百分表		
盘零件	$\boxed{= \ 0.02 \ A}$（2 处）		2	超 0.02 扣 1 分	游标卡尺		
	$2 - \phi 8H7$		2	不合格 1 处扣 1 分	塞规		
	$\boxed{= \ 0.03 \ A}$（3 处）		3	不合格 1 处扣 1 分	检验棒、千分尺		
	38 ± 0.08		3	超差 0.02 扣 1 分	游标卡尺		
底座零件	研点数 ≥12		5	酌情扣分	25×25 方框		
轴零件	11.5 ± 0.01（2 处）		6	超差 0.01 扣 1 分	千分尺		
	$\boxed{= \ 0.02 \ A—B}$（2 处）		2	不合格一处扣 1 分	平板、百分表		
锉削面、铰孔	表面粗糙度 $R_a 1.6$		8	不合格一处扣 1 分	目测		
倒角倒棱	C0.2、C0.3、C0.5、C1		6	不合格一处扣 1 分	目测		

续表

学号		姓名		总得分		
序号	检测项目	配分	评分标准	检测工具	自我评分	教师评分
装配	螺纹连接	6	不合格一处扣1分	目测		
	销连接	6	不合格一处扣1分	目测		
	总装	10	未完成总装不得分	目测		
	总装后活动件移动	6	总装后活动件移动自如	酌情		
	件3、件5配合间隙 ≤0.03	8	不合格一处扣2分	塞尺、目测		
	件2、件10配合间隙 ≤0.04	6	不合格一处扣2分	塞尺		
其他	工件缺陷	扣分	重大缺陷扣5分	酌情		
	安全文明生产	扣分	现场记录扣1~5分	酌情		
备注	加工时限　360 min					

参考文献

[1] 林立. 钳工工艺学与操作训练[M]. 成都:西南交通大学出版社,2007.

[2] 林立,赵长祥. 钳工实用手册[M]. 北京:中国电力出版社,2009.

[3] 张富建,郭英明,叶汉辉. 钳工理论与实践[M]. 北京:清华大学出版社,2010.

[4] 胡云翔. 普通钳工与测量基础[M]. 重庆:重庆大学出版社,2012.

[5] 雷萍. 机械加工通用基础知识[M]. 北京:中国劳动社会保障出版社,2002.

[6] 国家机械工业委员会. 中级钳工工艺学[M]. 北京:机械工业出版社,1996.

[7] 蒋增福. 钳工工艺与技能训练[M]. 北京:中国劳动社会保障出版社,2001.

项目三　测评表

	工件划线工艺			
序号	评分内容	配分	自检评分	抽检评分
1	工件涂色	4		
2	尺寸公差 ±0.3	30		
3	线条清晰无重线	14		
4	孔中心位置公差 ±0.3	18		
5	样冲眼分布合理	14		
6	工具使用正确	10		
7	操作姿势正确	10		
8	安全文明生产	酌情扣分		
9	教师评价			
	总得分			

工件钻孔加工工艺				
序号	评分内容	配分	自检评分	抽检评分
1	2×φ10(2处)	12		
2	4×φ10(4处)	24		
3	4×φ4.2(4处)	20		
4	4×φ10 与 4×φ4.2孔心尺寸(4处)	24		
5	表面粗糙度 R_a 6.3(10处)	20		
6	安全文明生产	酌情扣分		
7	小组评价			
8	教师评价			
	总得分			

工件扩孔、锪孔加工工艺				
序号	评分内容	配分	自检评分	抽检评分
1	扩孔钻刃磨	18		
2	锪孔钻的刃磨	20		
3	扩孔表面质量(6处)	18		
4	锪孔表面质量(4处)	12		
5	沉孔深度尺寸(4处)	16		
6	孔口倒角质量(16处)	16		
7	安全文明生产	酌情扣分		
8	小组评价			
9	教师评价			
	总得分			

工件铰削加工工艺				
序号	评分内容	配分	自检评分	抽检评分
1	2×φ10(2 处)	20		
2	4×φ10(4 处)	40		
3	孔表面粗糙度(6 处)	30		
4	铰孔方法正确	10		
5	安全文明生产	酌情扣分		
6	小组评价			
7	教师评价			
	总得分			

		工件螺纹加工工艺		
序号	评分内容	配分	自检评分	抽检评分
1	4×M5 牙型完整(4 处)	32		
2	螺孔垂直度(4 处)	32		
3	螺孔表面粗糙度(4 处)	24		
4	攻丝方法正确	12		
5	安全文明生产	酌情扣分		
6	小组评价			
7	教师评价			
	总得分			

项目四　测评表

工件錾削加工工艺				
序号	评分内容	配分	自检评分	抽检评分
1	錾削姿势正确	10		
2	錾削痕迹整齐	20		
3	尺寸公差 51 ±0.5 mm	15		
4	尺寸公差 61 ±0.5 mm	15		
5	平面度 0.5 mm	15		
6	垂直度 0.8 mm	15		
7	安全文明生产	酌情扣分		
8	小组评价			
9	教师评价			
	总得分			

		工件锯削加工工艺		
序号	评分内容	配分	自检评分	抽检评分
1	工件划线	5		
2	钻工艺孔、排孔	5		
3	锯削姿势	10		
4	锯削面锯痕整齐	10		
5	尺寸精度（目测）	20		
6	平面度 0.50 mm	20		
7	垂直度 0.80 mm	20		
8	安全文明生产	酌情扣分		
9	小组评价			
10	教师评价			
	总得分			

工件锉削加工工艺				
序号	评分内容	配分	自检评分	抽检评分
1	外形尺寸 60 ± 0.03 mm	5		
2	外形尺寸 50 ± 0.03 mm	5		
3	平面度:0.03 mm	16		
4	平行度:0.03 mm	8		
5	垂直度:0.03 mm	16		
6	尺寸要求:25 ± 0.05 mm	2		
7	尺寸要求:36 ± 0.05 mm	4		
8	角度:$90° \pm 4'$	10		
9	角度:$120° \pm 4'$	10		
10	48 ± 0.15 mm(2 处)	6		
11	表面粗糙度 $R_a 1.6$ μm	8		
12	安全文明生产	酌情扣分		
13	小组评价			
14	教师评价			
	总得分			

项目五　测评表

序号	评分内容	配分	自检评分	抽检评分
工件刮削加工工艺				
1	尺寸公差 $38_{-0.02}^{\ 0}$	10		
2	位置公差 ⊥ 0.01 A	10		
3	刮削质量	40		
4	表面粗糙度	10		
5	工具使用正确	10		
6	操作姿势正确	10		
7	安全文明生产	酌情扣分		
8	小组评价			
9	教师评价			
	总得分			

工件研磨加工工艺				
序号	评分内容	配分	自检评分	抽检评分
1	60 ± 0.03	10		
2	$50_{-0.04}^{\ 0}$	10		
3	平面研磨	15		
4	$90° \pm 4'$	15		
5	$120° \pm 4'$	15		
6	表面粗糙度	15		
7	工具使用正确	10		
8	操作姿势正确	5		
9	安全文明生产	酌情扣分		
10	小组评价			
11	教师评价			
	总得分			

项目六 测评表

	工件下料加工工艺			
序号	评分内容	配分	自检评分	抽检评分
1	件1:131.5 mm×31 mm	30		
2	件2:93.5 mm×31 mm	30		
3	装夹正确	20		
4	正确使用工具	10		
5	操作姿势正确	10		
6	安全文明生产	10		
7	小组评价			
8	教师评价			
	总得分			

序号	评分内容	配分	自检评分	抽检评分
	**工件矫正、弯曲加工工艺**			
1	件1弯曲成型尺寸 公差:20±1 mm	15		
2	件1弯曲成型尺寸 公差:34±1 mm	15		
3	件1弯曲成型尺寸 公差:92.5±1 mm	20		
4	件1宽度尺寸:30 mm	5		
5	件1弯曲成型质量	15		
6	件2尺寸公差: 92.5 mm×30 mm	10		
7	工具使用正确	10		
8	操作姿势正确	5		
9	安全文明生产	5		
10	小组评价			
11	教师评价			
	总得分			

	工件铆接加工工艺			
序号	评分内容	配分	自检评分	抽检评分
1	铆钉相关尺寸选择	30		
2	铆合头形状	20		
3	铆接质量	30		
4	铆接操作方法正确	10		
5	工具使用正确	5		
6	安全文明生产	5		
7	小组评价			
8	教师评价			
	总得分			

项目七　测评表

鸭嘴锤加工				
序号	评分内容	配分	自检评分	抽检评分
1	20±0.05(2处)	10		
2	$\boxed{\parallel \mid 0.05 \mid A}$　(2处)	6		
3	$\boxed{\perp \mid 0.03}$　(4处)	8		
4	3×45°倒角(4处)	4		
5	R3.5内圆弧连接(4处)	12		
6	R12与R8圆弧连接	12		
7	斜面平直度0.03	10		
8	R2.5圆弧面	5		
9	20±0.20	10		
10	$\boxed{= \mid 0.20 \mid A}$	8		
11	倒角、倒棱	5		
12	R_a3.2	5		
13	安全文明生产	5		
14	教师评价			
	总得分			

凹凸体加工（一）

序号	评分内容	配分	自检评分	抽检评分
1	$30_{-0.03}^{0}$	10		
2	20 ± 0.02	8		
3	35 ± 0.02（2处）	8		
4	70 ± 0.03（2处）	8		
5	∥ 0.02 A	4		
6	⊥ 0.02 A （2处）	6		
7	═ 0.03 B （2处）	8		
8	M10 垂直度 0.30/50	3		
9	8 ± 0.20（2处）	6		
10	10 ± 0.20	4		
11	50 ± 0.20	4		
12	$\phi 8H9$（2处）	4		
13	间隙≤0.05（5处）	5		
14	55 ± 0.05	2		
15	∥ 0.06 A	2		
16	— 0.06	2		
17	调面间隙≤0.05（5处）	5		
18	55 ± 0.05	2		
19	∥ 0.06 A	2		
20	— 0.06	2		
21	安全文明生产	5		
22	教师评价			
	总得分			

序号	评分内容	配分	自检评分	抽检评分
	凹凸体加工(二)			
1	研点数 5~8 点	5		
2	68 ± 0.05	5		
3	70 ± 0.05	5		
4	$20_{-0.05}^{0}$	4		
5	$24_{0}^{+0.05}$	4		
6	$22_{-0.05}^{0}$ (2 处)	8		
7	⊥ 0.04 B (2 处)	2		
8	▱ 0.03 (10 面)	10		
9	配合表面 R_a3.2、倒棱	4		
10	= 0.01 A (2 处)	6		
11	10 ± 0.20(3 处)	3		
12	11 ± 0.20	1		
13	46 ± 0.20	2		
14	ϕ8H7(2 处)	4		
15	M10 垂直度 0.30/50	2		
16	15 ± 0.35	6		
17	▱ 0.40	4		
18	间隙≤0.06 mm(含调面)	20		
19	安全文明生产	5		
20	教师评价			
	总得分			

拼板锉配				
序号	评分内容	配分	自检评分	抽检评分
1	23±0.02(2处)	6		
2	53±0.02(2处)	6		
3	68±0.02(2处)	6		
4	12±0.10	2		
5	8±0.20	2		
6	135°±4′(2处)	10		
7	15±0.02(2处)	6		
8	45±0.02(2处)	6		
9	24±0.15(2处)	6		
10	ϕ8H9(2处)	4		
11	R_a1.6	10		
12	R_a3.2	3		
13	间隙≤0.04 mm(含调面)	20		
14	配合后 $\boxed{\perp\ |\ 0.04\ |\ A}$	6		
15	倒角、倒棱	2		
16	安全文明生产	5		
17	教师评价			
	总得分			

燕尾锉配（一）

序号	评分内容	配分	自检评分	抽检评分
1	70 ± 0.02	4		
2	42 ± 0.02	4		
3	$24_{-0.05}^{0}$（2 处）	10		
4	20 ± 0.20	2		
5	9 ± 0.15	2		
6	▱ 0.02	2		
7	M10 垂直度 0.30/50	2		
8	≡ 0.10 B	4		
9	$60° \pm 4'$（2 处）	8		
10	$R_a 3.2$	4		
11	70 ± 0.02	4		
12	42 ± 0.02	4		
13	46 ± 0.15	2		
14	12 ± 0.15（3 处）	3		
15	$\phi 8H9$（2 处）	2		
16	≡ 0.10 B	4		
17	$R_a 3.2$	4		
18	配合间隙≤0.05（含调面）	20		
19	66 ± 0.10（2 处）	4		
20	⊥ 0.04 A （2 处）	4		
21	倒角、倒棱	2		
22	安全文明生产	5		
23	教师评价			
总得分				

序号	评分内容	配分	自检评分	抽检评分
	燕尾锉配(二)			
1	70±0.04	4		
2	68±0.04	4		
3	51.32±0.05	4		
4	54±0.03(2 处)	8		
5	14±0.04(2 处)	8		
6	25±0.15(2 处)	2		
7	12±0.15	2		
9	46±0.15	2		
10	15±0.20	2		
11	$\square$ 0.40	2		
12	60°±4′(2 处)	8		
13	ϕ8H9(2 处)	2		
14	$\equiv$ 0.04 B	6		
15	R_a1.6	5		
16	R_a3.2	3		
17	配合间隙≤0.05(10 处)	20		
18	两侧面错位量≤0.10	6		
19	研点数 5~8 点	5		
20	倒角、倒棱	2		
21	安全文明生产	5		
22	教师评价			
	总得分			

序号	评分内容	配分	自检评分	抽检评分
	T 形嵌配			
1	$30_{-0.05}^{0}$（2 处）	8		
2	$15_{-0.04}^{0}$（2 处）	8		
3	⊥ 0.02 A　（2 处）	4		
4	≡ 0.04 B	4		
5	$90° \pm 2'$（2 处）	4		
6	80 ± 0.04	4		
7	60 ± 0.02	4		
8	28 ± 0.02	4		
9	48 ± 0.02	4		
10	10 ± 0.01	4		
11	$\phi 8H9$	2		
12	M10 垂直度 0.30/50	2		
13	15 ± 0.15（2 处）	4		
14	10 ± 0.15	2		
15	30 ± 0.15	2		
16	⊥ 0.03 C　（2 处）	4		
17	≡ 0.04 C	4		
18	⊥ 0.02 D	4		
19	▱ 0.40	2		
20	配合间隙≤0.05	8		
21	调面配合≤0.05	8		
22	倒角、倒棱、R_a	5		
23	安全文明生产	5		
24	教师评价			
	总得分			

样板锉配				
序号	评分内容	配分	自检评分	抽检评分
1	48±0.015(2处)	10		
2	40±0.02(2处)	8		
3	$18_{-0.04}^{0}$	6		
4	11±0.04	2		
5	29±0.02	4		
6	ϕ6H9	1		
7	20±0.06(2处)	8		
8	⊥ 0.03 A	2		
9	R_a1.6	4		
10	R_a3.2	3		
11	$64_{-0.06}^{0}$(2处)	4		
12	8±0.15	2		
13	20±0.15	2		
14	44±0.15	2		
15	⊥ 0.04 B	2		
16	— 0.010	3		
17	▱ 0.010	3		
18	ϕ6H9(2处)	2		
19	R_a1.6	3		
20	R_a3.2	2		
21	正面贴合间隙≤0.03(8处)	16		
22	⊥ 0.05 B	4		
23	倒角、倒棱	2		
24	安全文明生产	5		
25	教师评价			
总得分				

序号	评分内容	配分	自检评分	抽检评分
	长方体转位对配			
1	48±0.015（2处）	10		
2	40±0.02（2处）	8		
3	$18_{-0.04}^{0}$	6		
4	11±0.04	2		
5	29±0.02	4		
6	ϕ6H9	1		
7	20±0.06（2处）	8		
8	⊥ 0.03 A	2		
9	R_a1.6	4		
10	R_a3.2	3		
11	$64_{-0.06}^{0}$（2处）	4		
12	8±0.15	2		
13	20±0.15	2		
14	44±0.15	2		
15	⊥ 0.04 B	2		
16	— 0.010	3		
18	▱ 0.010	3		
19	ϕ6H9（2处）	2		
20	R_a1.6	3		
21	R_a3.2	2		
22	正面贴合间隙≤0.03（8处）	16		
23	⊥ 0.05 B	4		
24	倒角、倒棱	2		
25	安全文明生产	5		
26	教师评价			
	总得分			

六角螺母				
序号	评分内容	配分	自检评分	抽检评分
1	$30^{\ 0}_{-0.08}$(3 处)	24		
2	平行度 0.05(3 处)	18		
3	120° ±4′(6 处)	18		
4	⊥ 0.03 A (6 处)	12		
5	═ 0.15 6 (3 处)	6		
6	螺孔 ⊥0.3/50 A	5		
7	平面度 0.04(6 处)	6		
8	表面粗糙度 $R_a3.2$	6		
9	安全文明生产	5		
16	安全文明生产	酌情扣分		
17	教师评价			
	总得分			

<table>
<tr><td colspan="5" align="center">支承架装配</td></tr>
<tr><th>序号</th><th>评分内容</th><th>配分</th><th>自检评分</th><th>抽检评分</th></tr>
<tr><td>1</td><td>40 ± 0.25(2 处)</td><td>2</td><td></td><td></td></tr>
<tr><td>2</td><td>60° ± 4′(2 处)</td><td>4</td><td></td><td></td></tr>
<tr><td>3</td><td>⏥ 0.04 A</td><td>2</td><td></td><td></td></tr>
<tr><td>4</td><td>ϕ10H7</td><td>1</td><td></td><td></td></tr>
<tr><td>5</td><td>30 ± 0.02</td><td>1</td><td></td><td></td></tr>
<tr><td>6</td><td>90° ± 2′</td><td>2</td><td></td><td></td></tr>
<tr><td>7</td><td>⊥ 0.02 A (2 处)</td><td>2</td><td></td><td></td></tr>
<tr><td>8</td><td>▱ 0.02 (2 处)</td><td>2</td><td></td><td></td></tr>
<tr><td>9</td><td>⏥ 0.02 B</td><td>2</td><td></td><td></td></tr>
<tr><td>10</td><td>ϕ8H7</td><td>1</td><td></td><td></td></tr>
<tr><td>11</td><td>⏥ 0.03 B</td><td>2</td><td></td><td></td></tr>
<tr><td>12</td><td>⏥ 0.02 A (2 处)</td><td>2</td><td></td><td></td></tr>
<tr><td>13</td><td>2 - ϕ8H7</td><td>2</td><td></td><td></td></tr>
<tr><td>14</td><td>⏥ 0.03 A (3 处)</td><td>3</td><td></td><td></td></tr>
<tr><td>15</td><td>38 ± 0.08</td><td>3</td><td></td><td></td></tr>
<tr><td>16</td><td>研点数≥12</td><td>5</td><td></td><td></td></tr>
<tr><td>17</td><td>11.5 ± 0.01(2 处)</td><td>6</td><td></td><td></td></tr>
<tr><td>18</td><td>⏥ 0.02 A—B (2 处)</td><td>2</td><td></td><td></td></tr>
<tr><td>19</td><td>表面粗糙度 R_a1.6</td><td>8</td><td></td><td></td></tr>
<tr><td>20</td><td>C0.2、C0.3、C0.5、C1</td><td>6</td><td></td><td></td></tr>
<tr><td>21</td><td>螺纹连接</td><td>6</td><td></td><td></td></tr>
<tr><td>22</td><td>销连接</td><td>6</td><td></td><td></td></tr>
<tr><td>23</td><td>总装</td><td>10</td><td></td><td></td></tr>
<tr><td>24</td><td>总装后活动件移动</td><td>6</td><td></td><td></td></tr>
<tr><td>25</td><td>件3、件5 配合间隙≤0.03</td><td>8</td><td></td><td></td></tr>
<tr><td>26</td><td>件2 和件10 配合间隙≤0.04</td><td>6</td><td></td><td></td></tr>
<tr><td>27</td><td>工件缺陷</td><td>酌情扣分</td><td></td><td></td></tr>
<tr><td>28</td><td>安全文明生产</td><td>酌情扣分</td><td></td><td></td></tr>
<tr><td>29</td><td>教师评价</td><td></td><td></td><td></td></tr>
<tr><td colspan="2" align="center">总得分</td><td></td><td></td><td></td></tr>
</table>